Julio César Bracho Pérez
Ignacio Rubén Tacza Valverde
Elvito Fabián Villegas Silva

Química Experimental

Julio César Bracho Pérez
Ignacio Rubén Tacza Valverde
Elvito Fabián Villegas Silva

Química Experimental

Para Estudiantes de la Carrera Profesional de Ingeniería Ambiental

Editorial Académica Española

Imprint
Any brand names and product names mentioned in this book are subject to trademark, brand or patent protection and are trademarks or registered trademarks of their respective holders. The use of brand names, product names, common names, trade names, product descriptions etc. even without a particular marking in this work is in no way to be construed to mean that such names may be regarded as unrestricted in respect of trademark and brand protection legislation and could thus be used by anyone.

Cover image: www.ingimage.com

Publisher:
Editorial Académica Española
is a trademark of
International Book Market Service Ltd., member of OmniScriptum Publishing Group
17 Meldrum Street, Beau Bassin 71504, Mauritius
Printed at: see last page
ISBN: 978-620-0-40713-9

Química Experimental para Estudiantes de Ingeniería Ambiental

Julio César Bracho Pérez
Escuela Profesional de Ingeniería Ambiental
Universidad Nacional Tecnológica de Lima Sur

Ignacio Rubén Tacza Valverde
Escuela Profesional de Ingeniería de Sistemas
Universidad Nacional Tecnológica de Lima Sur

Elvito Fabián Villegas Silva
Departamento de Química
Facultad de Ciencias
Universidad Nacional Agraria La Molina

Lima- 2020

A nuestras familias,
por su apoyo incondicional.
A mi padre Julián A. Bracho
Millán, su amor, comprensión y
apoyo inagotable le dieron sentido
a mi vida…
J.C.B.P.

Índice

Introducción

Química Experimental para Ingeniería Ambiental es un libro producto de la experiencia de varios años de enseñanza en el área de Química General. Tiene como perspectiva establecer protocolos experimentales orientados a mejorar los niveles de enseñanza–aprendizaje, brindando una especial atención a la protección de la salud del estudiante y el ambiente.

El material preparado es accesible a los estudiantes y se sitúa dentro del campo moderno de la química general. Su finalidad es reforzar la formación profesional y la investigación formativa de los estudiantes de ciencias e ingeniería ambiental, a fin de que puedan entender en forma más amplia la interrelación de los seres vivos con su entorno.

El objetivo principal es que los alumnos de pregrado apliquen el método científico, desarrollen el procedimiento experimental indicado, generen datos necesarios para obtener resultados y lleguen a conclusiones confiables para cada uno de los temas del curso de química general.

Al inicio estarán interactuando con temas de mayor complejidad, siendo necesario conocimientos teóricos básicos para desarrollar los procedimientos experimentales. De esta manera, se busca alcanzar una sólida simbiosis del conocimiento teórico y su aplicación práctica, lo que sin duda le permite lograr al estudiante la mejor comprensión de cada uno de los temas presentes en este libro.

Por otra parte, el momento actual de la ciencia se caracteriza por el acceso a amplios volúmenes de información, siendo el tiempo de búsqueda y la selección de los materiales adecuados el problema principal. Por ese motivo, el formato de presentación de la bibliografía de cada capítulo se presenta en dos niveles: un nivel básico denominado *Bibliografía*, que incluye las fuentes bibliográficas principales de cada tema, disponibles en las bibliotecas de las universidades; y un segundo nivel más específico y avanzado, llamado *Lecturas Complementarias* para que el estudiante pueda profundizar en cada tema propuesto, utilizando publicaciones selectas y especializadas.

Al término de cada práctica se propone un cuestionario de preguntas teóricas de múltiples interrelaciones, que a través del proceso de investigación y resolución de las mismas, se viabiliza la rápida interiorización de la importancia de los temas y aspectos desarrollados; considerar enfoques diversos; reforzar la capacidad de aceptar los errores; y tener metas claras, evaluando continuamente la validez de la evidencia, para complementar y reforzar los conocimientos adquiridos en la práctica de laboratorio.

Finalmente, el libro pone a disposición del lector interesado un excelente material de **Ayuda Académica** accesible través del link: **https://chemexp.000webhostapp.com/**, que cubre los más diversos requerimientos de un estudiante durante el procesamiento de su data experimental y la cristalización de su informe de laboratorio de elevada calidad. De esta manera se garantiza el desarrollo de buenas prácticas de laboratorio desde el perfil actitudinal, conceptual y procedimental, cuyo logro les permita realizar análisis crítico en el manejo de los datos obtenidos, redacción relevante de los informes correspondientes, y desarrollo científico-técnico de los trabajos de investigación formativa en los estudios de pregrado.

Los Autores

Equipos y materiales del laboratorio de química

I. INTRODUCCIÓN

El desarrollo exitoso de las prácticas de laboratorio y la aplicación al unísono de las medidas de seguridad por parte del estudiante se encuentra directamente relacionado con el manejo adecuado de materiales, reactivos y equipos involucrados en el trabajo experimental que tiene como objetivo central establecer evidencias fidedignas de los fenómenos y procesos químicos estudiados para su mejor comprensión.

El laboratorio de química es un ambiente con infraestructura adecuada, suministro de energía eléctrica, agua potable y agua destilada, manejo de equipos, materiales y reactivos que de acuerdo a la aplicación de método y protocolos permiten el desarrollo de experiencias químicas aplicando buenas prácticas de laboratorio, salud ocupacional, así como normas de seguridad y gestión ambiental de los residuos generados.

II. CAPACIDADES

1. Identifica y maneja materiales, equipos y reactivos para desarrollar el trabajo experimental en el laboratorio.

2. Mide con exactitud volúmenes de líquidos con la ayuda de materiales de vidrio.

3. Maneja adecuadamente el mechero Bunsen.

III. CUIDADO AMBIENTAL

Utilice pequeñas porciones de las sustancias en cada una de las reacciones químicas y colóquelas directamente en los tubos de ensayo. Los residuos obtenidos en las experiencias échelos en los recipientes rotulados para los diferentes desechos.

IV. MATERIALES Y MÉTODOS

4.1 MATERIALES

Materiales, equipos y aparatos disponibles en el Laboratorio de Química que han sido habilitados en las mesas de trabajo.

4.2 REACTIVOS

- Permanganato de potasio $(KMnO_4)$ 0.1 M
- Agua destilada

4.3 PROCEDIMIENTO EXPERIMENTAL

4.3.1 RECONOCIMIENTO DE MATERIALES Y EQUIPOS DE LABORATORIO

- Observar detenidamente cada una de las figuras correspondientes a los materiales y equipos de uso más frecuente en el laboratorio.

- Identificar por comparación con los materiales que se presentan en la práctica de laboratorio.

- Escribir en los espacios en blanco de las figuras el nombre del material o equipo correspondiente.

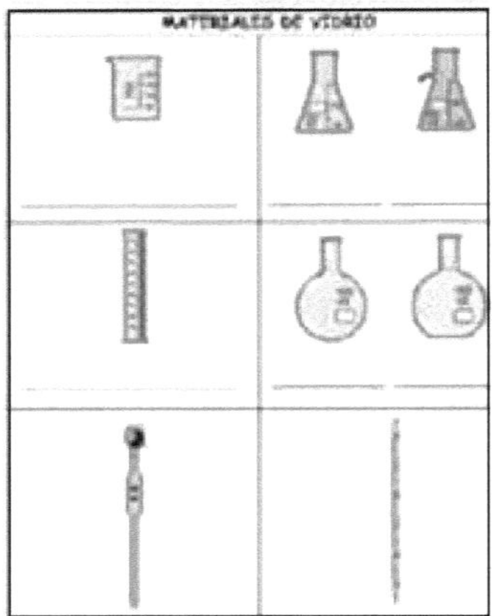

MATERIALES DE VIDRIO

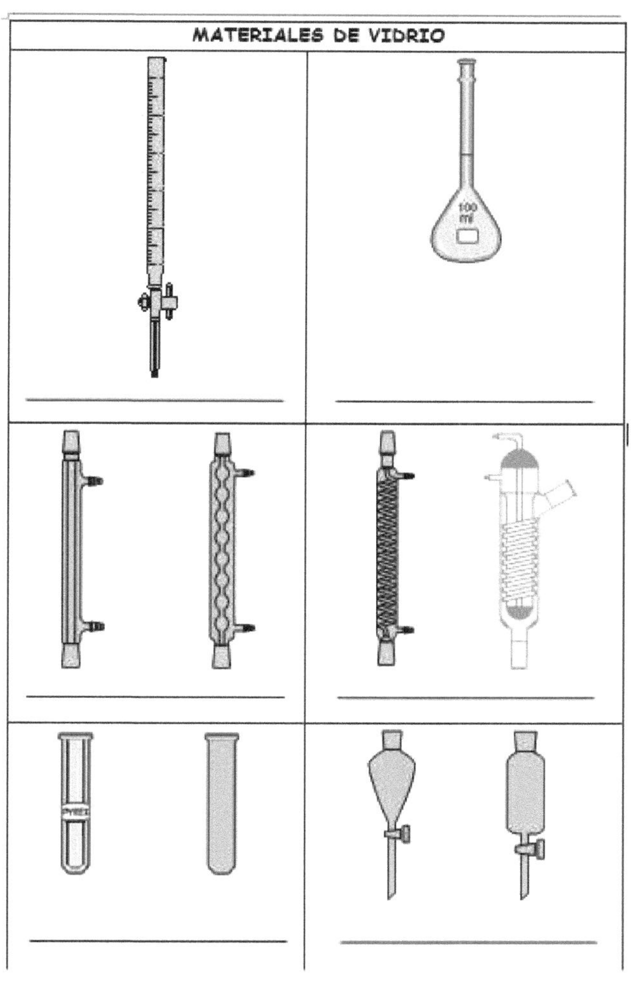

MATERIALES DE VIDRIO
MATERIALES DE PORCELANA

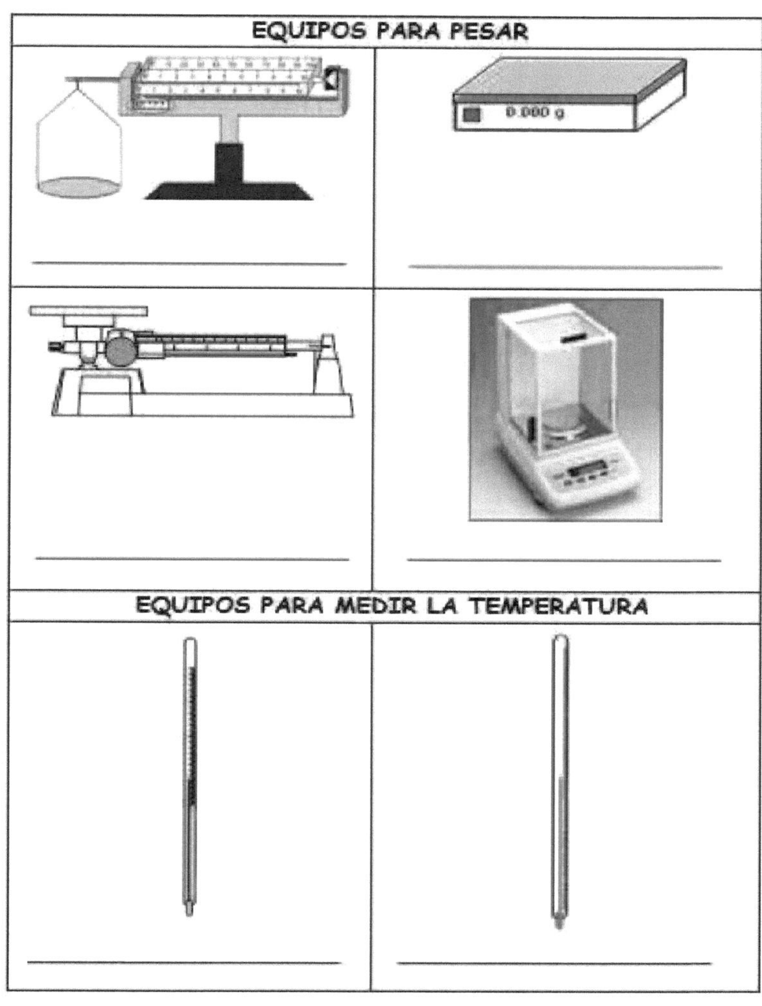

EQUIPOS PARA PESAR
0.000 g
EQUIPOS PARA MEDIR LA TEMPERATURA

EQUIPOS DE CALENTAMIENTO

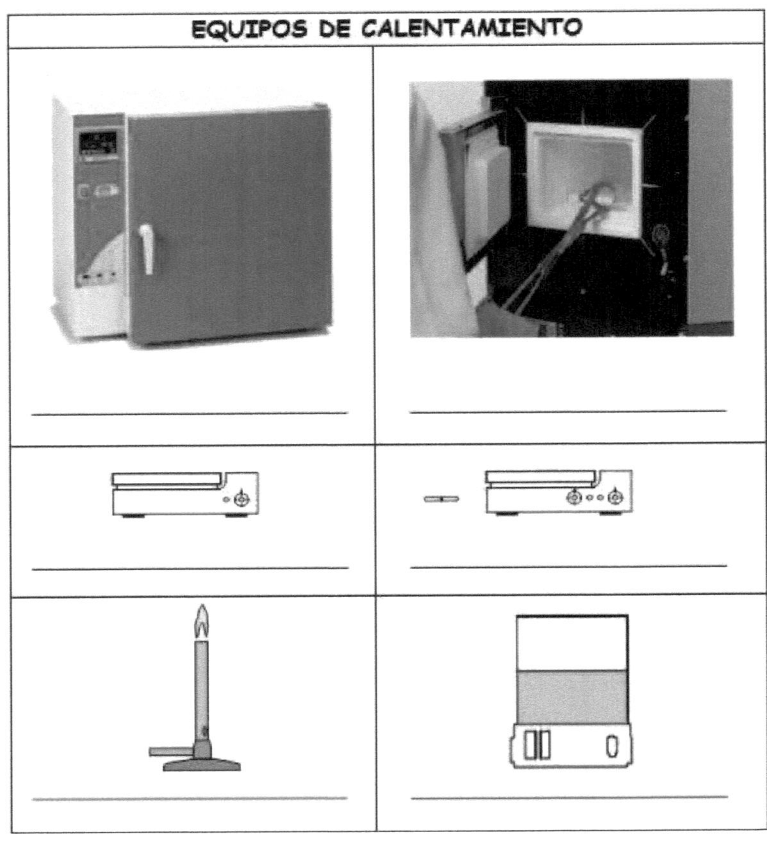

MATERIALES METÁLICOS

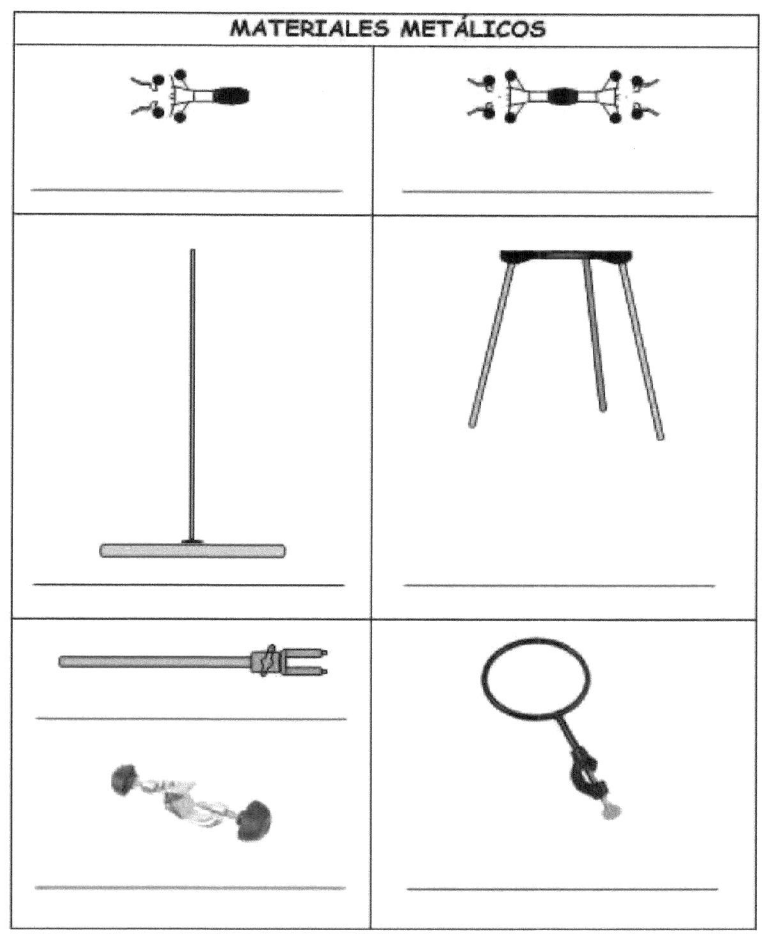

OTROS MATERIALES DIVERSOS

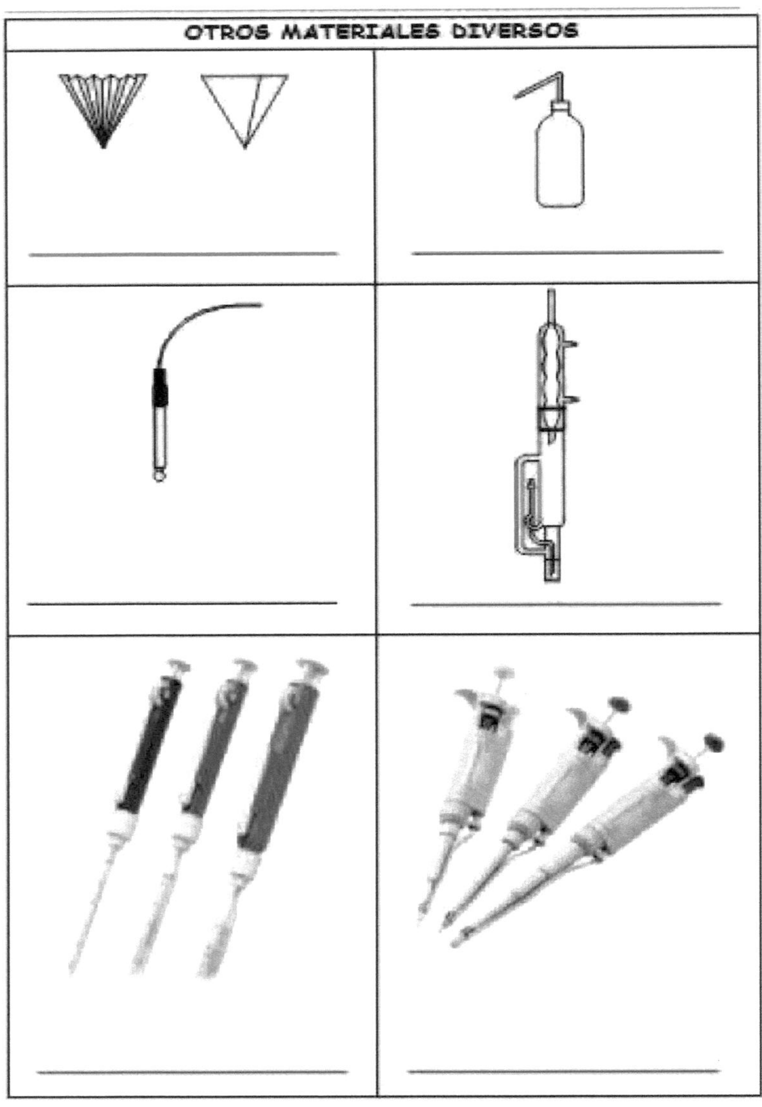

4.3.2 MECHERO BUNSEN

Este tipo de mechero se utiliza generalmente en los laboratorios de química. Su funcionamiento requiere del suministro de gas propano (C_3H_8) o en su defecto gas natural. El gas es mezclado en proporciones adecuadas con oxígeno (O_2) del aire provoca el proceso de combustión que genera energía calorífica y emite luz.

TIPOS DE LLAMA

- **LUMINOSA.-** Se presenta cuando el oxígeno (O_2) que ingresa al mechero en la composición del aire es insuficiente, causando combustión incompleta, liberándose material particulado (pequeñas partículas) de carbón (hollín) que se calientan a incandescencia y provocan la formación de una llama de color amarilla.

$$C_3H_8 + 3O_2 \longrightarrow C + 2CO + 4H_2O$$

- **NO LUMINOSA.-** Se presenta cuando el oxígeno (O_2) que ingresa al mechero en la composición del aire está en exceso, causando combustión completa libre de partículas sólidas y la formación de una llama de color azul. La misma presenta tres zonas:

$$C_3H_8 + 5O_2 \longrightarrow 3CO_2 + 4H_2O$$

1. **ZONA FRIA.-** Mezcla de aire y propano que no ha sido sometido a combustión. Temperatura promedio de 200 °C.

2. **CONO MEDIO.-** Zona reductora de la llama donde ocurren los procesos químicos iniciales con la formación de carbón (C) y monóxido de carbono (CO). Temperatura promedio de 900 °C.

3. **CONO EXTERNO.-** Zona oxidante de la llama que provoca el proceso de combustión completa caracterizado por una llama menos luminosa y con una temperatura más elevada. Temperatura promedio de 1300 °C.

FUNCIONAMIENTO DEL MECHERO Y CARACTERISTICAS DE LA LLAMA

Verificar que la base del mechero (2) se ubica sobre una superficie adecuada.

- **Para encender el mechero,** primero se verifica el cierre del regulador de aire (collarín

- Posteriormente se enciende un fósforo y se coloca sobre la boquilla (1) de salida del gas, abrir cuidadosamente la llave de suministro de gas (6) y controlar el flujo de gas requerido.

- Girar el anillo regulador de aire o collarín (3), regulando la abertura de entrada de aire (4) hasta obtener la combustión completa.

- **Para apagar el mechero,** primero se debe cerrar la llave de gas que se encuentra en la pared lateral (5) y cerrar la llave de suministro de gas del mechero (6).

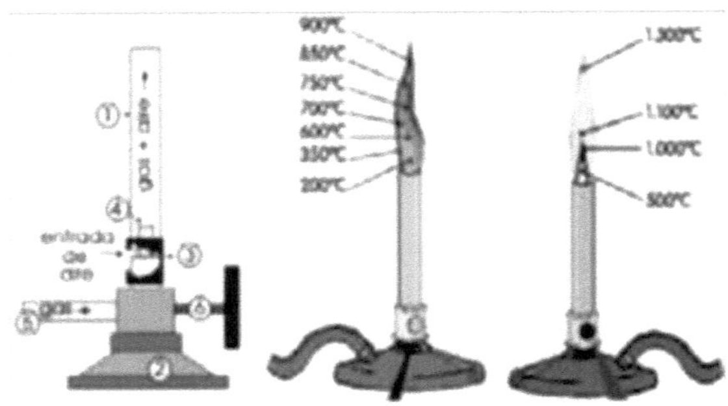

Llama luminosa y no luminosa del mechero Bunsen

4.4 MEDICIÓN DE LÍQUIDOS

La medición de líquidos se realiza empleando materiales de vidrio que deben ser elegidos en función de la precisión que sea requerido. Los que suelen utilizarse comúnmente en el laboratorio son: buretas, matraces volumétricos, pipetas y probetas entre otros.

4.4.1 SELECCIÓN DEL MATERIAL DE MEDICIÓN

* Se utilizan probetas graduadas para la medición de volúmenes aproximados, con una precisión que oscila entre 1 y 2 mL, siendo también útiles los Erlenmeyers para una menor precisión, también son útiles los vasos de precipitación y los Erlenmeyer graduados. Para medir volúmenes con mayor exactitud ($\pm 0{,}01$ mL) se emplean los matraces y pipetas volumétricas, así como las buretas y pipetas graduadas (poseen rangos de medición).

* El matraz volumétrico se emplea para la preparación de soluciones de concentración exacta, así como para realizar diluciones y efectuar la medición de volúmenes fijos.

* Trabajar con vaso de precipitados , matraz volumétrico y probeta de 100 mL.

4.4.2 MATERIAL

* Medir un volumen de 100 mL de agua destilada utilizando un Erlenmeyer de 250 mL, transferirlo a una probeta de 100 mL y si fuese necesario se debe completar el volumen. Finalmente, trasvasar el agua contenida en la probeta a un matraz volumétrico de 100 mL.

* Determinar el porcentaje de error experimental.

* Pipetear desde un matraz volumétrico, 5, 10 y 20 mL de agua utilizando una pipeta graduada y transferir a un vaso de precipitados.

* Pipetear desde el matraz volumétrico, 5, 10 y 20 mL de agua utilizando una pipeta volumétrica y transferir a un vaso de precipitados.

* Llenar con agua una bureta de 25 mL utilizando un vaso de precipitados y un embudo.

* Transferir 16 mL de agua desde una bureta debidamente enrasada hacia un vaso de precipitado graduado de 50 mL de capacidad.

* Llenar una bureta de 25 mL con solución de $KMnO_4$ 0.1 M utilizando un vaso de precipitado y un embudo.

- Transferir 16 mL de solución KMnO$_4$ 0.1 M desde la bureta hacia un vaso de precipitados graduado de 50 mL.

4.4.3 PRECAUCIONES

- Leer el nivel del líquido en el menisco.

- Evitar el error de paralaje.

- No se debe soplar la pipeta con la idea de vaciar todo el líquido a transferir. El diseño de la pipeta tiene en cuenta el volumen del líquido sobrante, se presenta una excepción.

- Para pipetear se recomienda usar bombilla de succión y expulsión; para el caso de líquidos tóxicos es obligatorio y para líquidos no tóxicos queda a criterio y experiencia del operador.

V. INDICACIONES GENERALES

- Observar y anotar el nombre y utilidad de cada equipo de laboratorio.

- Reconocer cada uno de los equipos y dominar adecuadamente el manejo de cada uno de ellos.

- Dominar adecuadamente el manejo del mechero y demás materiales de laboratorio.

- Practicar hasta el dominio la medición de líquidos.

- Llamar al profesor para la corrección de las mediciones realizadas en el transcurso de la práctica.

- Tomar nota de todos los aspectos relacionados con la práctica que permita la elaboración de un informe de calidad.

- Consultar la bibliografía de química general disponible en la biblioteca de la universidad u otra adicional para la elaboración del informe de laboratorio, así como la búsqueda de mayor volumen de información.

- Citar adecuadamente en el informe la bibliografía consultada (fuentes primarias: libros y artículos), así como las páginas webs confiables. El empleo del material de Ayuda Académica de acceso virtual facilita y viabiliza la elaboración del informe.

- Presentar el Informe de Laboratorio al ingresar al laboratorio de química para el desarrollo de la segunda práctica.

- **Asistencia obligatoria al laboratorio con el mandil adecuado, de color blanco y manga larga.**

- Se aconseja portar un cuaderno pequeño para anotar los detalles concernientes al trabajo experimental durante el desarrollo de las prácticas.

El reconocimiento, comprensión de las funciones y cuidados de los diversos materiales y equipos aprendidos en esta práctica, son de vital importancia para el desarrollo adecuado de las prácticas de laboratorio que le proceden. La calidad de las mediciones requiere destreza y habilidad, pero en primera instancia depende de comprender a plenitud las características de los equipos y materiales que se deben elegir en cada momento durante el desarrollo del trabajo experimental, y en ese momento conocer a fondo esos pequeños e imprescindibles detalles de su diseño y funciones sin lugar a dudas harán la diferencia.

VI. CUESTIONARIO

1. ¿Qué relación existe entre el color de una solución y el menisco cuándo medimos un volumen exacto?

2. ¿Por qué es obligatorio el uso de un mandil blanco y de manga larga en el laboratorio?

3. ¿Por qué se utilizan vasos de precipitado o tubos de ensayo pyrex cuando se requiere calentar un líquido, soluciones o mezclas a temperaturas superiores a los 100 °C?

4. Identifique los materiales de vidrio de medición exacta y medición aproximada de líquidos.

5. Identifique los casos donde se presenta error de paralaje y defina las consecuencias para la medición del volumen de un líquido.

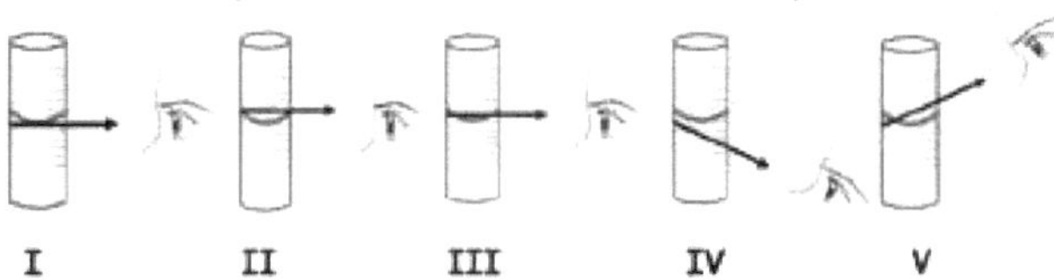

6. ¿Por qué las sustancias líquidas claras y coloreadas forman un menisco cóncavo y convexo, respectivamente?

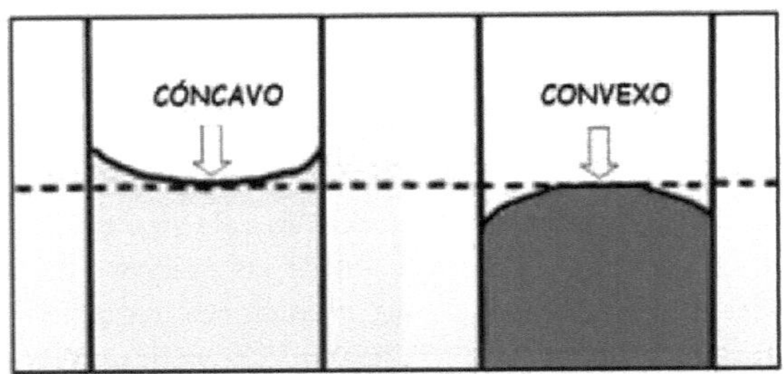

VII. BIBLIOGRAFÍA

Brown T. L., LeMay H. E., Bursten B. E. (2014). Química: la Ciencia central. Editorial Pearson (12ª ed.). México, D.F.

Chang R. (2010). Química. Editorial McGraw-Hill (10ma ed.). México, D.F.

Petrucci R. H. (2003). Química general. Editorial Pearson Educación (8va ed.). Madrid.

LECTURAS COMPLEMENTARIAS

Chen Y., Del Valle M.A., Valdebenito N., Zacconi F. (2014). Mediciones y métodos de uso común en el laboratorio de química. Ediciones Universidad Católica de Chile. Santiago de Chile, Chile.

Jaramillo Patiño M., Valdés Romaña, N. Y. (2010). Química básica: prácticas de laboratorio. Editorial Instituto Tecnológico Metropolitano, ITM. Medellín, Colombia.

Osorio Giraldo, R. D. (2009). Manual de técnicas de laboratorio de química. Editorial Universidad de Antioquia. Medellín, Colombia.

Verma N. K., Vermani B. K., Verma N. (2010). Comprehensive. Practical Chemistry XI. Laxmi Publications. New Delhi, India.

Operaciones analíticas fundamentales

I. INTRODUCCIÓN

Las diferentes áreas de la ciencia y la industria poseen una estrecha conexión con la química analítica y de manera especial con el análisis cuantitativo. El trabajo científico al igual que la producción industrial, requieren constantemente de la cuantificación de un componente específico que pertenece a la sustancia en estudio o el producto en desarrollo. La aplicación exacta y minuciosa de una secuencia de operaciones que van desde el muestreo hasta el cálculo en la etapa de resultados, son de vital importancia para obtener resultados fidedignos.

Todo trabajo analítico requiere la aplicación de dos etapas fundamentales: la preparación y procesamiento preliminar de la muestra que va a ser analizada y el desarrollo de la detección-medición de la propiedad que identifica el componente de interés y que permite su exacta cuantificación. Llegar a esta etapa final implica el desarrollo de uno o varios procesos u operaciones que garanticen la separación o adecuación fisicoquímica del componente y con ello la posibilidad de su detección y cuantificación con el empleo del equipamiento adecuado. Generalmente, las operaciones metodológicas utilizadas son similares a las que se aplican en una planta industrial. Sin embargo, a escala de laboratorio la cantidad o volumen de muestra tratada es drásticamente reducido, lo que implica el empleo de equipamiento con la mínima capacidad operativa, menor tamaño y más simples.

Aquellas etapas que comprenden solo operaciones físicas que solo involucra cambios de estado o fase de las sustancias químicas se denominan operaciones unitarias. Los procesos químicos que a través de una reacción química causan el cambio de la estructura de las sustancias químicas se denominan procesos unitarios.

OPERACIONES FUNDAMENTALES

A. Precipitación.- Proceso que separa componentes entre sí a través de la adición de un reactivo específico que causa la formación de sólidos denominados precipitados. Se presentan cambios químicos.

B. Decantación.- Proceso que permite la separación de impurezas solubles o sólidos que a través de un proceso de precipitación y bajo el efecto de la gravedad, se han depositado en la base interior del recipiente.

C. Filtración.- Operación que separa líquidos y sólidos contacto con el empleo de una sustancia que actúa como medio de filtración y se caracteriza por su capacidad de retener los sólidos (filtrado) y dejar pasar el líquido (filtrado). El medio de filtración puede ser de celulosa (papel de filtro), piedras porosas, minerales, arena, carbón vegetal o animal, etc.

D. Centrifugación.- Proceso de separación utiliza una centrífuga. Este equipo utiliza el efecto de la fuerza centrífuga para la separación de las sustancias que componen una mezcla de acuerdo a su proporción en masa, proyectándolas en el sentido opuesto al centro de revolución donde se concentran los sólidos más densos sobre los que actúa con mayor intensidad la fuerza centrífuga. El líquido sobrenadante forma una capa superior separable por decantación.

E. Evaporación.- Método que separa la humedad que contiene un líquido o sólido aplicando energía térmica hasta alcanzar temperaturas inferiores al punto de ebullición del agua (100 °C), purificándose o concentrándose el líquido y la separación de los componentes menos volátiles en la superficie donde las moléculas sufren el cambio de fase de líquido a gaseoso y la temperatura es variable.

F. Sublimación.- Separación que le ocurre a sustancias en estado sólido que al ser sometido a calentamiento tienen la propiedad de sufrir un cambio de fase directamente del estado sólido al gaseoso sin pasar por el líquido.

G. Cristalización.- Proceso de purificación de un compuesto sólido impuro, el que consiste en preparar una solución saturada a elevadas temperaturas y enfriamiento posterior, causando la separación del compuesto en forma de cristales libre de impurezas, que son separados por filtración rápida al vacío.

H. Destilación.- Técnica que se utiliza para purificar y separar líquidos. El destilado constituye el producto de interés a diferencia de la evaporación que lo constituye el residuo sólido, siendo la destilación simple y fraccionada las más utilizadas:

H.1) Destilación Simple: técnica que consiste en someter a calentamiento una mezcla de líquido. Una vez alcanzada la temperatura de ebullición, los vapores escapan de la superficie y pasan a través de un condensador (refrigerante). Los mismos se enfrían y condensan como líquidos consecutivamente desde el más volátil hasta el menos volátil. Las sustancias no volátiles presentes en la mezcla no pueden alcanzar la ebullición ni volatilizarse, por lo que permanecen en el balón de destilación como un residuo. Las fuerzas de cohesión de las moléculas han sido superadas durante el proceso de suministro de energía Ej. El proceso de obtención de agua destilada.

H.2) Destilación Fraccionada: es un proceso que se utiliza cuando las mezclas a separar están conformadas por sustancias con puntos de ebullición similares, especialmente en los casos donde la interacción entre las moléculas es muy fuerte y el suministro de energía para superar esas fuerzas cohesivas no es suficiente. En esos casos, el empleo de una columna de fraccionamiento rellena con esferas de cristal permite aumentar el área superficial donde ocurre la destilación, el contacto entre el vapor y el empaquetamiento favorece continuamente la condensación del componente menos volátil. De esta forma al llegar a la parte superior más fría de la columna, el componente menos volátil ha condensado y caído hacia la parte inferior de la columna, mientras que el componente más volátil llega al refrigerante, donde condensa y se colecta en forma de destilado puro. De esta forma la columna fracciona y separa los componentes aunque posean puntos de ebullición muy cercanos Ej. Una mezcla de metanol y etanol.

II. CAPACIDADES

- Verifica empíricamente las definiciones y conceptos teóricos de las operaciones fundamentales.
- Maneja adecuadamente los equipos de mayor uso en el laboratorio

III. CUIDADO AMBIENTAL

Utilice pequeñas porciones de las sustancias en cada una de las reacciones químicas y colóquelas directamente en los tubos de ensayo. Los residuos obtenidos en las experiencias échelos en los recipientes rotulados para los diferentes desechos.

IV. MATERIALES Y MÉTODOS

4.1 MATERIALES

- Gradilla para tubos
- Probetas de 100 mL
- Pipetas graduadas de 10 mL
- Pipetas volumétricas de 5 mL
- Papel de filtro
- Palitos de Fósforo
- Tubos de ensayo
- Espátulas metálica pequeña
- Balanza analítica o de precisión no analítica
- Frasco lavador con agua destilada
- Vaso de precipitado de 250 mL
- Cápsula de porcelana
- Trípodes
- Lunas de reloj
- Rejillas de amianto
- Embudos
- Plancha de calentamiento

4.2 REACTIVOS

* Permanganato de potasio, $KMnO_4$ 0,01 M
* Acetato de plomo (II), $Pb(CH_3COO)_2$ 0,1 M
* Yoduro de potasio, KI 0,1 M
* Arena

4.3 MÉTODOS

4.3.1 MEDIDA DE VOLUMEN

Teniendo en cuenta la aplicación del menisco realizar las siguientes medidas:

a. **Para soluciones incoloras.-** la concavidad del menisco debe estar por encima de la línea del aforo.

b. **Para soluciones coloreadas.-** la concavidad del menisco debe estar por debajo de la línea del aforo.

   1. Medir 10 ml de una solución coloreada (solución de $KMnO_4$).

   2. Medir exactamente 5 ml de H_2O (solución no coloreada).

4.4 OPERACIONES FUNDAMENTALES

4.4.1 SUBLIMACIÓN

1. Pesar en la balanza en forma directa una cápsula.

2. Pesar 1 g de yodo en la cápsula.

3. En la cápsula de porcelana donde se agregó 1g de yodo, añadir arena, en la superficie colocar un papel de filtro, el cual debe tener varios agujeros, luego colocarlos sobre un trípode y taparlos con un embudo. Calentar suavemente y observar la formación de unos vapores de yodo de intenso color violeta.

4. Realizar el calentamiento hasta que todo el yodo quede adherido en forma de laminillas cristalinas de color negro brillante en el embudo. El papel de filtro, perforado recoge el yodo purificado que eventualmente puede caer. El residuo que queda en la cápsula debe poseer un color amarillo claro.

4.4.2 PRECIPITACIÓN Y FILTRACIÓN

1. Agregar 5 mL de Acetato de plomo (II), $Pb(CH_3COO)_2$ 0,1 M en un tubo de ensayo.

2. Adicionar 5 ml de Ioduro de potasio KI diluido. Observar y anotar.

3. Acondicionar en dos embudos el papel de filtro doblado en cuatro y en abanico respectivamente, efectuar la filtración del precipitado de PbI_2, distribuyendo la mitad del contenido del tubo de ensayo en cada sistema de filtración. Compare los filtrados e indique en cada caso las características correspondientes.

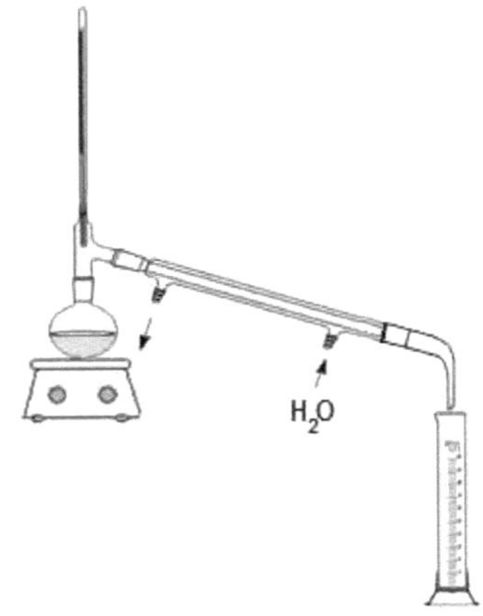

EQUIPO DE DESTILACIÓN SIMPLE

4.4.3 DETERMINACIÓN DE LA DENSIDAD DE UN OBJETO

1. Escoger un objeto pequeño (borrador, llaves, corta uñas, llavero, etc.) pesar el objeto en una balanza analítica.

2. En una probeta de 100 mL llenar agua hasta 50 mL, luego introducir el objeto pesado, el incremento de volumen es el volumen del objeto.

3. Considerando que la densidad (ϱ) se calcula como: $\varrho = m/v$. Determine la densidad del objeto.

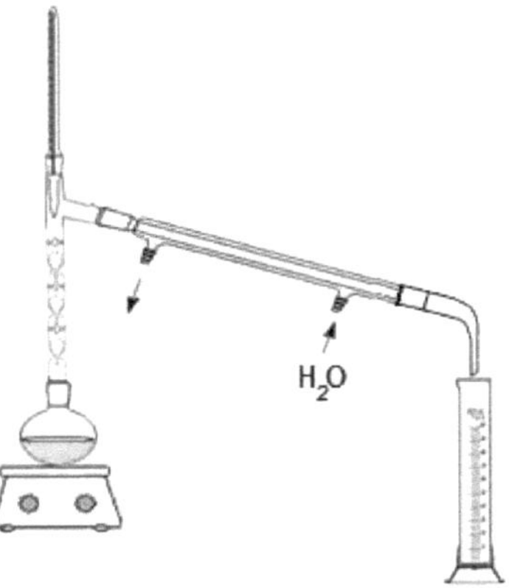

EQUIPO DE DESTILACIÓN FRACCIONADA

4.4.4 CENTRIFUGACIÓN

1.- Agregar en un tubo de ensayo 5 mL de una solución de Acetato de plomo (II) $Pb(CH_3COO)_2$ 0,1 M.

2.- Adicionar 5 mL de Ioduro de potasio KI diluido. Observar y anotar.

3.- Coloque la mitad del contenido del tubo de ensayo en un tubo de centrifuga y el resto lo deja en el tubo de prueba.

4.- Simétricamente coloque un tubo de centrifuga con el mismo volumen de agua destilada.

5.- Realice el proceso de centrifugación a 3000 rpm durante 5 min.

6.- Al término del proceso de centrifugación retire el tubo de centrifuga, decante el agua sobrenadante y compare los resultados de separación del precipitado con el obtenido en el proceso de filtración.

4.4.5 DESTILACIÓN

A. DESTILACIÓN SIMPLE DE UN LICOR

1.- Coloque en el balón de destilación 100 mL de un licor y fíjelo con la ayuda de una pinza a un soporte universal sobre una plancha de calentamiento.

2.- Conecte todas las partes del equipo de destilación simple. Verifique la entrada y salida de agua del refrigerante y coloque una probeta graduada de 100 mL a la salida del refrigerante como colector.

3.- Inicie el proceso de calentamiento con el encendido de la pancha de calentamiento y establecimiento de la temperatura de trabajo.

4.- Tome como punto de partida de la destilación la primera gota condensada del destilado que se colecte en la probeta. A partir de este momento cada 5 mL colectados del destilado realice una lectura de la temperatura en el termómetro hasta que se destile el 50 % del volumen inicial del licor.

5.- Enrase a 100 mL el volumen colectado en la probeta y mida el grado alcohólico con un alcoholímetro Gay-Lussac.

6.- Realice la curva del comportamiento de la destilación simple graficando Temperatura (°C) vs. Volumen colectado (mL).

B. DESTILACIÓN FRACCIONADA DE UNA MEZCLA DE ALCOHOLES

1.- Coloque en el balón de destilación 70 mL de una mezcla binaria etanol-butanol (1:1).

2.- Conecte todas las partes del equipo de destilación fraccionada y verifique la entrada y salida de agua a través del refrigerante.

3.- Encienda la plancha de calentamiento y tome como inicio de la destilación fraccionada la obtención de la primera gota del destilado. A partir de este momento haga lecturas de temperatura cada 5 mL de destilado colectado hasta alcanzar un volumen final de 50 mL en la probeta empleada como colector.

4.- Realice la curva del comportamiento de la destilación fraccionada graficando Temperatura (°C) vs. Volumen colectado (mL).

V. INDICACIONES GENERALES

• Observar y anotar el nombre y utilidad de cada equipo de laboratorio.

• Reconocer cada uno de los equipos y dominar adecuadamente el manejo de cada uno de ellos.

• Dominar adecuadamente el manejo del mechero y demás materiales de laboratorio.

• Practicar hasta el dominio la medición de líquidos.

• Llamar al profesor para la corrección de las mediciones realizadas en el transcurso de la práctica.

• Tomar nota de todos los aspectos relacionados con la práctica que permita la elaboración de un informe de calidad.

• Consultar la bibliografía de química general disponible en la biblioteca de la universidad, el material de **Ayuda Académica** de acceso virtual u otra adicional para la elaboración del informe de laboratorio, así como la búsqueda de mayor volumen de información.

• Citar adecuadamente en el informe la bibliografía consultada, así como las páginas webs confiables.

• Presentar el Informe de Laboratorio al ingresar al laboratorio de química para el desarrollo de la segunda práctica.

- **Asistencia obligatoria al laboratorio con el mandil adecuado, de color blanco y manga larga.**

- Se aconseja portar un cuaderno pequeño para anotar los detalles concernientes al trabajo experimental durante el desarrollo de las prácticas.

VI. CUESTIONARIO

1. ¿Por qué el proceso de centrifugación es tan efectivo para la separación de las partículas sólidas del precipitado?. Explique.

2. ¿Cuál es la diferencia entre precipitación y decantación?

3. ¿Por qué el licor no se destiló mediante un proceso de destilación fraccionada y la mezcla de alcoholes con la destilación simple?

4. Compare las gráficas de los procesos de destilación ¿Qué puede inferirse a partir de ellas?

5. Investigue y demuestre: ¿Podría separarse una mezcla ternaria de mayor complejidad conformada por las sustancias: agua, etanol, y tolueno?

6. ¿Qué aplicación podría tener la sublimación en la industria?

VII. BIBLIOGRAFÍA

Romero Robles L. E., Rodríguez Esparza B.E. (2014). Química experimental: manual de laboratorio. Editorial Pearson Educación. México, D.F.

Ruiz Sánchez J.J., Muñoz Gutiérrez E., Rodríguez Mellado J.M. (2003). Curso experimental en química física. Editorial Síntesis. Madrid.

Brown T. L., LeMay H. E., Bursten B. E. (2014). Química: la Ciencia central. Editorial Pearson (12ma ed.). México, D.F.

LECTURAS COMPLEMENTARIAS

Chen Y., Del Valle M.A., Valdebenito N., Zacconi F. (2014). Mediciones y métodos de uso común en el laboratorio de química. Ediciones Universidad Católica de Chile. Santiago de Chile, Chile.

Jaramillo Patiño M., Valdés Romaña, N. Y. (2010). Química básica: prácticas de laboratorio. Editorial Instituto Tecnológico Metropolitano, ITM. Medellín, Colombia.

Osorio Giraldo, R. D. (2009). Manual de técnicas de laboratorio de química. Editorial Universidad de Antioquia. Medellín, Colombia.

Whitten K. W., Davis R. E., Peck M. L., Stanley G. G. (2015). Química. Cengage Learning Editores, S.A. de C.V. (10ma ed.), México D.F.

práctica 3

Estudio de las transiciones electrónicas

I. INTRODUCCIÓN

Las transiciones electrónicas consisten en los saltos que tienen los electrones originado por el suministro de energía a los átomos, los cuales tienen transiciones desde niveles de energía discretos de menor contenido energético a uno de mayor contenido energético y la consecuente absorción de ese contenido de energía discreto.

Por otra parte, si el electrón una vez experimentado el proceso de excitación inicial transita desde el nivel más energético al inicial menos energético; en este momento se presenta un fenómeno de relajación. Este proceso inverso de regreso al estado básico de energía mínima del átomo va acompañado de liberación de energía, la cual se manifiesta en forma de luz, o sea radiación electromagnética caracterizada por presentar colores específicos en función de las características del átomo y asociada a una determinada energía, que para cada átomo es diferente.

El carácter específico de las transiciones electrónicas lo convierte en una huella dactilar para cada elemento, presentando emisiones de radiaciones electromagnéticas con colores específicos que permiten identificar en forma rápida y simple cualquier elemento y constituye la base de la espectroscopia.

1.1 FUNDAMENTO

Los electrones en el átomo dependiendo de su contenido energético pueden hallarse en el **estado basal o fundamental** con el mínimo contenido de energía o en un **estado excitado** producto del suministro de energía externa.

1.2 FUENTES EXTERNAS DE ENERGÍA

Las fuentes de energía externa para provocar procesos de excitación electrónica en el átomo se clasifican en tres tipos fundamentales:

- **Energía Eléctrica:** Proveniente de cualquier fuerza electromotriz (FEM) como por ejemplo la corriente eléctrica doméstica de 220 voltios, las baterías, las pilas secas, etc.
- **Energía Lumínica:** Proveniente de la radiación solar; la luz emitida en forma de radiación electromagnética por átomos o moléculas previamente excitadas.
- **Energía Térmica:** Proveniente de la combustión de compuestos orgánicos como los hidrocarburos (gasolina, acetileno, propano, parafina, etc.) o por plasma eléctrico (calor producido por la fricción de un flujo de átomos de gas noble ionizados.

1.3 LUZ VISIBLE Y RADIACION ELECTROMAGNETICA

La región del espectro electromagnético que se encuentra en el rango de longitud de onda (λ) de 380 a 780 nm constituye la luz visible que admite y utiliza el aparato visual de los seres humanos, la que representa tan sólo una pequeña parte del espectro electromagnético. Sin embargo, esa región tan pequeña del espectro electromagnético (luz blanca) producida por una bombilla incandescente si se hace pasar a través de un prisma origina un espectro continuo, o arcoiris matizado con diversos colores. La naturaleza origina el mismo patrón espectral cuando la radiación solar pasa a través de gotas de lluvia suspendidas en el aire de la atmósfera, formándose un espectacular arcoiris que deslumbra al más indiferente de los humanos y que solo representa el conjunto de longitudes de onda que conforman en su conjunto la luz visible (Ver Tabla 1).

Tabla 1. Rangos aproximados de la longitud de onda para los diversos colores que conforman la luz visible

COLOR	RANGOS λ (nm)
Violeta	380 – 455
Azul	455 – 492
Verde	492 – 577
Amarillo	577 – 597
Naranja	597 – 622
Rojo	622 – 780

La luz o radiación electromagnética es el resultado de los saltos electrónicos que ocurren en el interior de los átomos desde su estado basal hasta su estado excitado, o sea desde un nivel de energía inferior a uno superior el átomo absorbe energía, pero cuando los electrones saltan desde un nivel cuya energía es mayor a uno que posee contenidos de energía menor, ocurre la liberación de energía o paquetes de energía (fotones) que se manifiesta como radiación electromagnética (luz) que posee coloraciones diferentes, dependiendo desde que nivel de energía el electrón regresa al estado basal.

En otras palabras, el color de una radiación electromagnética está asociado a un determinado contenido de energía y color propio de cada tipo de átomo específico. El estudio de la radiación emitida por una sustancia después de su excitación permite identificar la sustancia, un ejemplo de ello lo constituye el Helio, elemento que fue descubierto a partir de las radiaciones solares.

1.4 PROPIEDADES CORPUSCULARES DE LA LUZ

La radiación electromagnética presenta propiedades ondulatorias, como la difracción y la interferencia, si se describe solo como onda no es posible darle explicación a la diversidad de propiedades que posee la luz. El fenómeno más sencillo y más conocido que requiere un modelo distinto para la luz es el efecto fotoeléctrico, fenómeno que ha permitido desarrollar puertas automáticas y alarmas para detectar robos, el resultado de un simple fenómeno de emisión de electrones a partir de metales como los alcalinos del grupo IA de la tabla periódica (Li, Na, K, Rb y Cs), los que emiten electrones al incidir luz sobre ellos.

Los electrones no escapan en forma espontánea de los metales; se necesita energía térmica o luminosa para sacarlos. Cuanto más brillante sea la luz (mayor la intensidad luminosa), escapan más electrones de un metal. Sin embargo, la energía cinética (la velocidad) de los electrones depende del color (la frecuencia) que posee la luz, pero no de la intensidad. Además, se requiere cierta frecuencia mínima, debajo de la cual no se expulsan electrones. Esa debe ser igual o mayor que la frecuencia mínima y de esa forma los electrones son expulsados del material. Cuando el valor de la frecuencia es mayor que la mínima, la energía adicional hace que los electrones expulsados se muevan con mayor rapidez. La velocidad máxima que alcanzan los electrones expulsados depende de la frecuencia de la radiación incidente. La cantidad de electrones emitidos por el material depende de la intensidad o brillo lumínico de la radiación electromagnética.

La radiación que corresponde a la luz visible sólo tiene la energía suficiente para expulsar a los electrones de los metales activos del grupo IA. Pero cuando se trata de expulsar electrones de material distintos a los metales del grupo IA se usa la luz ultravioleta (UV) que posee valores de frecuencia mayor y longitud de onda menor que la correspondiente a la luz visible, siendo la luz UV más energética y penetrante, con valores superiores de energía por fotón.

Los paquetes o partículas pequeñas de radiación electromagnética se llaman fotones; considerados paquetes de energía que es proporcional a la frecuencia de la radiación electromagnética, e inversamente proporcional a la longitud de onda de esa radiación:

$$\text{Energía de un fotón (E)} = h\nu = \frac{hc}{\lambda}$$

<u>Donde</u>:

h es una constante de proporcionalidad, llamada constante de Planck ($h = 6.626 \times 10^{-34}$ J.s), c es la velocidad de la luz en el vacío, 2.998×10^8 m.s^{-1}, ν es la frecuencia de la radiación en s^{-1} y λ es la longitud de onda de la radiación, en nanómetros (1 nm = 10^{-9} m).

1.5 CARÁCTER DUAL DE LA RADIACIÓN ELECTROMAGNETICA

Para comprender todas las propiedades de la radiación electromagnética se deben usar a la vez un modelo ondulatorio y uno de partículas o corpúsculos. Algunas propiedades se explican mejor con un modelo ondulatorio, y otras con un modelo corpuscular. Los fotones son partículas libres con masa en reposo nula, pero que viajan a la velocidad de la luz y su masa de acuerdo con los cálculos más recientes realizados por Ruytov en el 2007 (aplicando mediciones del campo magnético solar) demostró que alcanza una masa límite extremadamente pequeña de 2×10^{-54} kg. Sus propiedades ondulatorias se presentan en diversos fenómenos ópticos como la refracción y la interferencia destructiva.

La propiedad ondulatoria de los electrones es un claro ejemplo del comportamiento dual de las partículas subatómicas aplicado al microscopio electrónico para fotografiar objetos pequeños, como moléculas, virus, etc. Los microscopios convencionales no pueden emplearse para examinar objetos más pequeños que la longitud de onda de la luz visible ($4\text{-}7 \times 10^{-7}$m). El uso de los rayos X es complicado aunque tienen longitudes de onda más cortas que las de la luz visible, debido a lo difícil que resulta enfocarlos. Los electrones poseen una longitud de onda muy similar a los rayos X con la ventaja de tener carga, pudiéndose enfocar mediante campos eléctricos y magnéticos. Además, es posible variar las longitudes de onda de los electrones, cambiando el voltaje empleado para producirlos. Un microscopio electrónico moderno puede separar detalles hasta de 5×10^{-10} m de diámetro.

1.6 PRUEBAS A LA LLAMA

Las pruebas a la llama se apoyan en los colores de las llamas para identificar varios elementos. Ejemplo de ello, son las sales de sodio que originan una llama amarilla persistente; las sales de potasio, un color espliego (azul violáceo) fugaz; las sales de litio, un rojo brillante. Al igual que los fuegos artificiales, estos colores de llama son consecuencia de las estructuras electrónicas específicas de los elementos.

Los colores de los fuegos artificiales y las pruebas a la llama no son lo que parecen a simple vista. Si se hace pasar la luz de la llama a través de un prisma, se separa en luz de varios colores distintos.

La luz que emite un elemento cuando se calienta se conoce como **espectro de emisión**. Se utilizan unos dispositivos sencillos llamados espectroscopios para analizar los espectros de emisión. Los átomos absorben energía, y podemos observar el espectro de absorción de un elemento, el cual permite identificar elementos conocidos o descubrir nuevos elementos.

II. CAPACIDADES

- Observa la luz emitida por el salto de electrones en átomos excitados eléctricamente.

- Observa la luz emitida por el salto de electrones en átomos excitados térmicamente.

- Calcula los parámetros que caracterizan una radiación electromagnética: longitud de onda, frecuencia y energía.

III. CUIDADO AMBIENTAL

Utilice pequeñas porciones de las sales que serán sometidas al calentamiento en la llama del mechero y la mínima cantidad posible de ácido clorhídrico. Todas las experiencias se realizarán en la campana de seguridad. Los residuos obtenidos en las experiencias échelos en los recipientes rotulados para los diferentes desechos.

IV. MATERIALES Y MÉTODOS

4.1 MATERIALES

- Focos o lámparas de diferentes elementos
- Mechero Bunsen
- Fuente eléctrica
- Cápsulas de porcelana
- Asa de siembra
- Alambre de Nicrom

4.2 REACTIVOS

- Cloruro de litio   : $LiCl$
- Cloruro de sodio   : $NaCl$
- Cloruro de potasio   : KCl
- Cloruro de calcio   : $CaCl_2$
- Cloruro de estroncio : $SrCl_2$
- Cloruro de bario   : $BaCl_2$
- Cloruro de cobre   : $CuCl_2$
- Magnesio metálico   : Mg
- Tungsteno   : W
- Mercurio   : Hg
- Neón   : Ne
- Hierro (limaduras)   : Fe
- Aluminio (limaduras) : Al
- Acido clorhídrico   : HCl (conc.)

4.3 PROCEDIMIENTO EXPERIMENTAL

4.3.1 EXPERIMENTO 1. EMISIÓN POR EXCITACIÓN ELÉCTRICA.

• Armar un sistema eléctrico, con fuente de 220 voltios.

• Encender focos o lámparas de diferentes elementos (sodio, tungsteno, mercurio, neón, etc.). Seguir indicaciones del Profesor.

• Observar el color de la luz predominante emitida por cada foco encendido y anotar en el Cuadro 1.

4.3.2 EXPERIMENTO 2. EMISIÓN POR EXCITACIÓN TÉRMICA:

a) EMISIÓN EN ÁTOMOS DE CARBONO

• Encender el mechero Bunsen como fuente de calor para causar la absorción de energía y excitación de electrones de los átomos de carbono que provienen de la combustión incompleta.1

• Verificar que se está produciendo átomos de carbono en la llama, por el hollín generado, sobre una cápsula o cualquier superficie metálica adecuada expuesto en la parte superior.

• Observar el color predominante de la llama.

• Anotar los datos en el Cuadro 2.

b) EMISIÓN EN ATOMOS CONTENIDOS EN SALES

• Generar una llama de combustión completa en el mechero de Bunsen, como fuente de calor para causar la absorción y excitación de los electrones de los átomos que serán expuestos a ella, seguir indicaciones del profesor.

• Ordenar las muestras de las sales de los elementos a analizar con sus respectivos alambres de nicrom.

• Limpiar el alambre de nicrom en una solución de $HCl_{(c)}$ para eliminar la presencia de cualquier sal contaminante.

• Exponer el alambre a la llama hasta que presente un color permanente.

- Con el alambre de nicrom tomar una pizca de la sal de la muestra correspondiente y exponerla a la región de mayor temperatura de la llama.

- Observar el color predominante de la llama en el punto de exposición

- Anotar el resultado en el Cuadro 2.

- Proceder de la misma manera con todas las demás muestras de las sales entregadas por el profesor.

- Anotar los resultados en el Cuadro 2.

c) EMISION EN ATOMOS DE METALES

- **Para el magnesio**

  - Coger con una pinza una lámina de magnesio metálico

  - Exponer la lámina a la llama del mechero Bunsen

  - Observar la luz emitida. "cuidado: no mirar en forma prolongada la luz desprendida".

  - Anotar sus observaciones en el Cuadro 2.

- **Para el hierro**

  - Limpiar el alambre de nicrom en una solución de HCl para eliminar la presencia de cualquier sal contaminante.

  - Exponer el alambre a la llama hasta que presente un color permanente

  - Con el alambre de nicrom tomar una pequeña porción de las limaduras de hierro y exponerla a la región más oxidante de la llama (mayor temperatura) .

  - Observar la coloración predominante de la llama en la zona de contacto con la llama.

  - Anotar el resultado en el Cuadro 2.

- **Para el aluminio**

  - Limpiar el alambre de nicrom en una solución de HCl para eliminar la presencia de cualquier sal contaminante.

  - Exponer el alambre a la llama hasta observar color permanente.

- Con el alambre de nicrom tomar una pizca del aluminio en polvo y exponerla a la región de mayor temperatura de la llama.

- Observar el color predominante de la llama en el punto de exposición.

- Anotar el resultado en el Cuadro 2.

V. TABULACION DE DATOS Y RESULTADOS

CUADRO N°1. EMISION POR EXCITACION ELECTRICA

ELEMENTO A EXCITAR	COLOR PREDOMINANTE DE LA RADIACIÓN EMITIDA
Tungsteno	
Mercurio	
Neón	

CUADRO N°2. EMISIÓN DE RADIACIÓN POR EXCITACIÓN TÉRMICA

ELEMENTO A EXCITAR	COLOR PREDOMINANTE DE LA RADIACIÓN EMITIDA
Carbono	
Litio	
Sodio	
Potasio	
Calcio	
Estroncio	
Bario	
Cobre	
Magnesio	
Hierro	
Aluminio	

ELEMENTO	CÁLCULOS			
	LONGITUD DE ONDA (λ) (nm)	FRECUENCIA (ν) (s^{-1})	ENERGÍA (E) DE UN FOTÓN (J)	ENERGÍA (E) DE 1 mol de FOTÓNES (J)
Carbono				
Litio				
Sodio				
Potasio				
Calcio				
Estroncio				
Bario				
Cobre				
Magnesio				
Hierro				
Aluminio				
Tungsteno				
Mercurio				
Neón				

NOTA: La luz blanca es producto del mezclado de colores y no puede asignársele un valor específico de longitud de onda.

VI. CUESTIONARIO

1. Calcular la longitud de onda de un fotón que tiene tres veces más energía que otro fotón cuya longitud de onda es 580 nm.

2. Si ocurre un salto electrónico desde el nivel 5 al nivel 2 en el átomo de hidrógeno ¿Cuál será su frecuencia, longitud de onda y energía asociada?

3. ¿En qué consiste el espín nuclear y la tecnología de imágenes por resonancia magnética nuclear (RMN)?

4. ¿Qué relación existe entre el funcionamiento del microscopio electrónico y la mecánica cuántica?

5. ¿En qué consiste un rayo láser, cómo ocurre su proceso de emisión?

VII. BIBLIOGRAFÍA

Petrucci R.H., Harwood W.S., Herring F.G. (2003). Los electrones en los átomos. En: Química General (pp. 297-355). Pearson Educación, S.A (8va ed.). Madrid.

LECTURAS COMPLEMENTARIAS

Silberberg M.S. (2002). Teoría cuántica y estructura atómica. En: Química. La naturaleza molecular del cambio y la materia (pp. 263-295). McGraw-Hill Interamericana Editores, S.A. de C.V. (2da ed.). México D.F.

Scott R., Goode S.R., Metz L. A. (2003). Emission Spectroscopy in the Undergraduate Laboratory. *Journal of Chemical Education 80* (12), 1455.

Miller K.J. (1974). The spectrum of atomic lithium. An undergraduate laboratory experiment. J. Chem. Educ., 1974, 51 (12), p 805.

Propiedades de los elementos del tercer período de la tabla periódica

I. INTRODUCCIÓN

Las diversas propiedades físicas y químicas que poseen los elementos químicos de la tabla periódica se encuentran relacionados con la configuración electrónica que poseen cada uno. El estudio de los diversos elementos con configuraciones electrónicas similares y específicamente el completamiento de orbitales atómicos ha demostrado fehacientemente la similitud existente en su comportamiento físico-químico. Teniendo en cuenta la magnitud de estos vaticinios, la tabla periódica demuestra la genialidad del intelecto humano capaz de establecer patrones de organización de los elementos químicos que están perfectamente conectados con las diferencias y similitudes de sus propiedades correlativamente con el valor de sus números atómicos, la configuración electrónica y por ende sus ubicaciones en grupos y períodos de la tabla periódica; que establecen claras tendencias periódicas de las sus propiedades y permiten caracterizarlos y diferenciarlos.

II. CAPACIDADES

1. Diferencia las propiedades físicas y químicas, tanto de los elementos químicos presentes en el tercer período de la tabla periódica, como de sus compuestos.

2. Determina propiedades que caracterizan los elementos químicos, tales como: conductividad eléctrica, combustión, densidad, solubilidad en agua, solubilidad en disolventes orgánicos, solubilidad y pH de sus sales en agua, reacción frente a los ácidos, reacción frente a las bases.

III. CUIDADO AMBIENTAL

Utilice pequeñas porciones de las sustancias en cada una de las reacciones químicas y colóquelas directamente en los tubos de ensayo. Los residuos obtenidos en las experiencias échelos en los recipientes rotulados para los diferentes desechos.

IV. MATERIALES Y MÉTODOS

4.1 MATERIALES Y EQUIPOS

- Balanza de precisión
- Gradillas
- Pinzas para tubos de ensayo.
- Plancha de calentamiento
- Probeta
- Rejilla de amianto
- Trípode
- Tubos de ensayo.
- Vaso de precipitado 500 mL

4.2 REACTIVOS

- Agua destilada, H_2O
- Alcohol etílico, C_2H_5OH
- Aluminio, Al
- Azufre, S_8
- Cloruro de aluminio, $AlCl_3$
- Cloruro de magnesio, $MgCl_2$
- Cloruro de sodio, NaCl
- Fósforo, P
- Magnesio, Mg
- Sodio, Na
- Solución de Fenolftaleína al 1 % en etanol
- Tetracloruro de carbono, CCl_4

4.3 PROCEDIMIENTO EXPERIMENTAL

4.3.1 EXPERIENCIA PREPARATORIA: BÚSQUEDA DE LAS PROPIEDADES DE ELEMENTOS DEL TERCER PERÍODO

• Emplear las tablas de Datos de Química, el Handbook de Datos Físico-Químicos de las sustancias o consultar **la *Ayuda Académica*** de acceso virtual al estudiante, en caso necesario para tomar los datos correspondientes a los elementos del tercer período: Na, Mg, Al, P, S.

• Anote y organice adecuadamente en una tabla los datos de los elementos: Símbolo, Número atómico, Masa atómica, Conductividad eléctrica, Combustión, Densidad, Solubilidad en agua, Solubilidad en disolventes orgánicos, Solubilidad y pH de sus sales en agua, Reacción frente a los ácidos y Reacción frente a las bases.

4.3.2 EXPERIMENTO 1. ESTUDIO DE LA CARACTERÍSTICAS EXTERNAS

a) COLOR

Observe detenidamente cada una de las sustancias de estudio, identifique y anote el color.

b) ASPECTO

Observe detenidamente cada una de las sustancias de estudio, identifique y anote el aspecto físico que presentan.

c) ESTADO DE AGREGACIÓN

Observe detenidamente cada una de las sustancias de estudio, identifique y anote el estado de agregación (sólido, líquido, gaseoso), a temperatura ambiente.

4.3.3 EXPERIMENTO 2. PROPIEDADES FÍSICAS

a) CONDUCTIVIDAD ELÉCTRICA

■ Tome pequeñas porciones de cada uno de los elementos a evaluar (Na, Mg, Al, P, S), y utilizando un multímetro digital determine el grado de conductividad eléctrica.

■ Anote los resultados de conductividad eléctrica en cada caso.

b) DENSIDAD

- Pesar una pequeña porción de Al y anotar.

- Alistar una probeta de 10 mL, añadiéndole 5 mL de agua destilada. Medir con exactitud el volumen inicial y anotar.

- Añadir la porción de Al en la probeta y agite ligeramente el contenido de la probeta para asegurar que no existan burbujas de aire atrapadas. Medir el volumen final y anotar.

- Medir la temperatura de trabajo en el laboratorio.

- Calcular la densidad del Magnesio.

- Realizar cada una de las etapas de análisis anteriores el elemento S, y realizar las observaciones y anotaciones pertinentes.

c) SOLUBILIDAD

SOLUBILIDAD EN AGUA

- Disponer de 5 tubos de ensayos secos y limpios.

- Agregarle a cada uno de los tubos una pequeña porción (miligramos) de sodio (Na), magnesio (Mg), aluminio (Al), fósforo (P) (**CUIDADO!**) y azufre (S). Agregarle posteriormente 5 mL de agua destilada.

- Tomar los tubos con una pinza adecuada y agitar ligeramente. Observar y anotar.

- En el caso de no disolverse, calentar ligeramente en baño maría. Observar y anotar.

SOLUBILIDAD EN ETANOL (ALCOHOL ETÍLICO)

- Disponer de 5 tubos de ensayos secos y limpios.

- Agregarle a cada uno de los tubos una pequeña porción de sodio (Na), magnesio (Mg), aluminio (Al), fósforo (P) (**CUIDADO!**) y azufre (S). Agregarle posteriormente 5 mL de C_2H_5OH.

- Tomar los tubos con una pinza adecuada y agitar ligeramente. Observar y anotar.

- En el caso de no disolverse, calentar ligeramente en baño maría. Observar y anotar.

SOLUBILIDAD EN TETRACLORURO DE CARBONO

- Disponer de 5 tubos de ensayos secos y limpios.

- Agregarle a cada uno de los tubos una pequeña porción de sodio (Na), magnesio (Mg), aluminio (Al), fósforo (P) y azufre (S). Agregarle posteriormente 5 mL de tetracloruro de carbono (CCl_4).

- Tomar los tubos con una pinza adecuada y agitar ligeramente. Observar y anotar.

- En el caso de no disolverse, calentar ligeramente en baño maría. Observar y anotar.

d) SOLUBILIDAD Y pH DE SALES EN AGUA

- Disponer de 3 tubos de ensayos secos y limpios.

- Agregarle a cada uno de los tubos una pequeña porción de NaCl, $MgCl_2$, $AlCl_3$. Posteriormente, agregar 5 mL de agua destilada.

- Tomar los tubos con una pinza adecuada y agitar ligeramente. Observar y anotar.

- Medir el pH de cada una de las soluciones obtenidas con la ayuda de equipo portátil de medir pH debidamente calibrado. Observar y anotar.

- Agregarle posteriormente 3 gotas del indicador Fenolftaleína al 1 % en solución. Observar y registrar los resultados.

4.3.4 EXPERIMENTO 3. PROPIEDADES QUÍMICAS

a) COMBUSTIÓN

- Sostener con una pinza una pequeña porción de cinta de Mg someterla al calentamiento directo en la llama del mechero. (CUIDADO!!!, **para protección de los ojos, no vea directamente la llama, sino   voltee la cabeza y observe con el rabillo del ojo**). Observar y anotar.

- Colocar pequeñas porciones de Al y S en cucharillas de combustión. Someterlos al calentamiento directo en la llama del mechero. Observar y anotar.

- Calentar una porción muy pequeña de P (CUIDADO!) en la campana de seguridad. Observar y anotar.

b) REACCIÓN FRENTE A LOS ÁCIDOS

- Disponer de 5 tubos de ensayos secos y limpios.

- Agregarle a cada uno de los tubos miligramos de Na, Mg, Al, P (CUIDADO!). Agregarle posteriormente 3 mL de HCl 0.1 M. Observar cuidadosamente y registrar los resultados.

- En caso de no ocurrir cambios apreciables, calentar ligeramente en baño de maría. Observar cuidadosamente y registrar los resultados.

c) REACCIÓN FRENTE A LAS BASES

- Disponer de 5 tubos de ensayos secos y limpios.

- Agregarle a cada uno de los tubos miligramos de sodio Na, Mg, Al y P (CUIDADO!). Agregarle posteriormente 3 mL de NaOH 0.1 M. Observar cuidadosamente y registrar los resultados.

- Si no ocurren cambios apreciables, calentar ligeramente en baño de maría. Observar cuidadosamente y registrar los resultados.

V. INDICACIONES GENERALES

Observe los resultados obtenidos y relaciónelos con la naturaleza química y estructura de cada una de las sustancias empleadas, estableciendo en cada caso el carácter periódico de las propiedades estudiadas.

VI. CUESTIONARIO

1. ¿Cómo puede diferenciar los metales de los no metales con el desarrollo de los experimentos realizados?

2. ¿Cuál considera Ud. que constituye el factor que permite establecer las diferencias entre los elementos metálicos y no metálicos?

3. Investigue y proponga un método experimental de obtención de cloro (Cl_2) en el laboratorio de manera simple y segura. ¿Cómo estudiaría sus propiedades físico-químicas del cloro?

4. ¿Cuáles serían las tendencias periódicas de las propiedades estudiadas en la práctica para el cloro?

5. ¿Cómo realizaría la medición exacta de las densidades del Na y el Mg?. Proponga un método.

VII. BIBLIOGRAFÍA

Petrucci R. H. (2003). Química general. Editorial Pearson Educación (8va ed.). Madrid.

LECTURAS COMPLEMENTARIAS

CHEM. Química una ciencia experimental (1972). Editorial Reverte.

Jaramillo Patiño M., Valdés Romaña, N. Y. (2010). Química básica: prácticas de laboratorio. Editorial Instituto Tecnológico Metropolitano, ITM. Medellín, Colombia.

Picado A. B., Álvarez M. (2008). Química I: Introducción al estudio de la materia. Editorial Universidad Estatal a Distancia (EUNED). San José, Costa Rica.

Propiedades y naturaleza del enlace químico

I. INTRODUCCIÓN

Las diversas sustancias químicas que se presentan en el laboratorio y en la naturaleza pueden ubicarse dentro de dos grandes grupos de clasificación de acuerdo a la naturaleza de sus enlaces: sustancias **iónicas** (electrovalentes) **y moleculares** (covalentes).

Las propiedades de las sustancias iónicas y moleculares presentan características diferentes que permite estudiarlas e identificarlas de acuerdo a sus comportamientos tan disímiles, tales como la conductividad eléctrica, solubilidad, puntos de fusión y estabilidad térmica entre otras propiedades.

Estudiar e interiorizar la naturaleza del enlace químico es de vital importancia, ya que las propiedades de todas las sustancias que se utilizan cotidianamente o están presentes en la naturaleza constituyen un claro reflejo del tipo de enlace químico que presentan.

II. CAPACIDADES

1. Investiga diversas propiedades de sustancias iónicas y moleculares: solubilidad, fusión, combustión y conductividad eléctrica.

2. Determina la naturaleza iónica y molecular del enlace químico a través del estudio de la conductividad eléctrica de las sustancias en estudio.

III. CUIDADO AMBIENTAL

Utilice pequeñas porciones de las sustancias en cada una de las reacciones químicas y colóquelas directamente en los tubos de ensayo. Los residuos obtenidos en las experiencias échelos en los recipientes rotulados para los diferentes desechos.

IV. MATERIALES Y MÉTODOS

4.1 MATERIALES Y EQUIPOS

- Agitadores de vidrio (Baguetas).
- Gradillas.
- Pinzas para tubos de ensayo.
- Pipetas.
- Probeta
- Tubos de ensayo.
- Vasos de precipitado.
- Equipo de conductividad eléctrica.

4.2 REACTIVOS

- Agua destilada, H_2O
- Benceno, C_6H_6
- Cloruro de hierro (III), $FeCl_3$
- Cloruro de sodio, $NaCl$
- Etanol, C_2H_5OH
- Glucosa, $C_6H_{12}O_6$
- Grasa de cerdo (triglicéridos)
- Hexano, C_6H_{14}
- Parafina
- Propanol, C_3H_7OH
- Sacarosa, $C_{12}H_{22}O_{11}$
- Solución de Acetona, CH_3-O-CH_3 1 %
- Solución de Ácido clorhídrico, HCl 1 %
- Solución de Cloruro de bario, $BaCl_2$ 1 %
- Solución de Cloruro de hierro (III), $FeCl_3$ 1 %
- Solución de Cloruro de sodio, $NaCl$ 1 %
- Solución de Etanol, C_2H_5OH 1 %
- Solución de Glucosa, $C_6H_{12}O_6$ 1 %

- Solución de Hidróxido de sodio, NaOH 1 %
- Solución de Metanol, CH_3OH 1 %
- Solución de Sacarosa, $C_{12}H_{22}O_{11}$ 1 %
- Solución de Sulfato de cobre (II) pentahidratado, $CuSO_4 \cdot 5H_2O$ 1 %
- Tetracloruro de carbono, CCl_4

4.3 PROCEDIMIENTO EXPERIMENTAL

EXPERIMENTO 1.

FUSIÓN Y COMBUSTIÓN DE COMPUESTOS IÓNICOS Y MOLECULARES

- Disponer de 6 tubos de ensayos grandes, limpios y secos.

- En el primer tubo agregar una pequeña porción de cloruro de sodio, al segundo tubo agregarle una porción de cloruro de hierro (III), al tercer tubo agregarle una porción de grasa de cerdo, al cuarto tubo agregarle una pequeña porción de glucosa y al quinto tubo agregarle una porción de sacarosa.

- Tomar los tubos con pinzas adecuadas y calentar ligeramente en la llama del mechero. Observar y anotar sus observaciones.

- Posteriormente, continuar el calentamiento durante un lapso de tiempo mayor (5 min.). Observar y anotar los cambios ocurridos.

EXPERIMENTO 2.

SOLUBILIDAD DE COMPUESTOS IÓNICOS Y MOLECULARES

- Disponer de 3 tubos de ensayos grandes, limpios y secos.

- Agregar miligramos de cloruro de sodio al primer tubo, una pequeña porción de grasa al segundo y miligramos de sacarosa al tercer tubo.

- Agregar agua destilada (5 mL) a cada tubo de ensayo. Agitar, observar y registrar el comportamiento respecto a la solubilidad de las sustancias.

EXPERIMENTO 3.

CONDUCTIVIDAD ELÉCTRICA DE COMPUESTOS IÓNICOS Y MOLECULARES

• Agregar 30 mL en un vaso de precipitado de la primera sustancia a estudiar.

• Verificar y dejar listo el equipo de conductividad eléctrica (Ver Figura 1).

• Introducir los electrodos del equipo de conductividad eléctrica en la primera solución a estudiar.

• Conectar el equipo a la corriente eléctrica. Observar y anotar el encendido del foco, su intensidad, así como la medida de la conductividad eléctrica.

• Desconectar el equipo de la corriente eléctrica.

• Devolver la sustancia o solución a su frasco correspondiente.

• Lavar los electrodos con la ayuda de un frasco lavador con agua destilada, recogiendo las aguas de lavado en un vaso de precipitado.

• Realizar todo el procedimiento anterior con todas las sustancias a evaluar durante la experiencia.

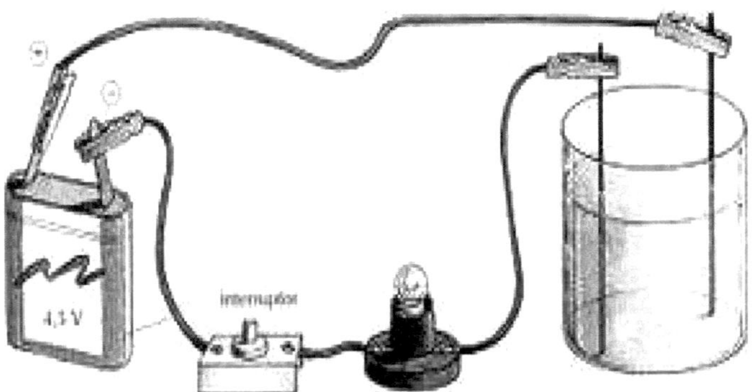

Figura 1

EXPERIMENTO 4.

PREDICCIÓN DE LA NATURALEZA POLAR Y APOLAR A TRAVÉS DE ESTUDIOS DE SOLUBILIDAD

- Disponer de 5 tubos de ensayo grandes y limpios
- Agregarle 5 mL de agua destilada en cada tubo de ensayo.
- Añadir 1mL de cada disolvente: hexano, tolueno, propanol, etanol y Tetracloruro de carbono; por separado en cada tubo de ensayo.
- Agitar, observar si el compuesto es soluble (miscible) y anotar.
- Si el compuesto no es soluble repetir el ensayo de solubilidad sustituyendo el agua destilada por 3 mL de benceno. Agitar, observar y anotar.

V. INDICACIONES GENERALES

Observe los resultados obtenidos y relaciónelos con la naturaleza química y estructural de cada una de las sustancias empleadas en las experiencias.

VI. CUESTIONARIO

1. Las sustancias moleculares se caracterizan por tener enlaces covalentes, mientras que las sustancias iónicas tienen enlaces covalentes:

   - Defina el enlace covalente y el enlace iónico.
   - Ejemplifique las sustancias covalentes y las sustancias iónicas a partir de las que se utilizaron en la práctica de laboratorio.

2. Represente la estructura de Lewis de las sustancias iónicas y moleculares utilizadas en el desarrollo de la práctica.

   - ¿Cuáles cumplen con la Regla del Octeto?
   - ¿Cuáles son polares y apolares?
   - ¿Existe alguna relación entre la electronegatividad de los elementos químicos que conforman el enlace y la polaridad de las sustancias?
   - Determine la naturaleza covalente o iónica de los enlaces para cada una de las sustancias empleadas en la práctica.

3. ¿Por qué a diferencia del hidróxido de sodio, NaOH al 1 % que es capaz de conducir la electricidad; el metanol, CH_3OH al 1 % no posee conductividad eléctrica; a pesar de que ambas sustancias en sus estructuras químicas poseen el grupo hidroxilo (- OH)?

4. ¿Cuál es la causa de las diferencias tan marcadas que existen entre las sustancias estudiadas en estado sólido durante el calentamiento en la llama del mechero?

Explique cada una teniendo en cuenta sus características estructurales.

VII. BIBLIOGRAFÍA

Petrucci R.H., Harwood W.S., Herring F.G. (2003). Enlace químico I: Conceptos básicos. En: Química General (pp. 388-434). Pearson Educación, S.A (8va ed.). Madrid.

Chang R. (2010). Química. Editorial McGraw-Hill (10ma ed.). México, D.F.

LECTURAS COMPLEMENTARIAS

Salas-Banuet G., Ramírez-Vieyria J. (2010). Iónico, covalente y metálico. Revista Educación Química 21 (2): 118-125.

Estévez-Tamayo, C. Blas A.; Claro-Quintana, M. (2012). Revisión teórica de los conceptos de enlace iónico y covalente y clasificación de las sustancias. Revista Cubana de Química XXIV (1): 10-18.

Walker, F. I. (1996). El enlace químico. Ediciones Universidad Católica de Chile (1^{era} ed.). Santiago.

Reactividad de las sustancias químicas

I. INTRODUCCIÓN

Una reacción química consiste en un cambio cualitativo profundo a nivel estructural. Esto trae como consecuencia el reordenamiento de enlaces durante la transformación química, se rompen enlaces existentes y se forman enlaces nuevos, produciéndose átomos, moléculas o iones de naturaleza y propiedades diferentes a las que se presentaban al inicio. La obtención de funciones químicas como los óxidos, hidróxidos y sales entre otros, constituyen ejemplos de reacciones químicas, que se representan a través de ecuaciones químicas el lenguaje que utilizan los químicos Por este motivo, es vital llevar a cabo el estudio detallado de las reacciones químicas, realizando observaciones experimentales detalladas y cuidadosa que permitan establecer los fenómenos y cambios químicos que han ocurrido.

II. CAPACIDADES

1. Realiza e identifica diversos tipos de reacciones químicas.
2. Relaciona los resultados experimentales con los conocimientos teóricos.

III. CUIDADO AMBIENTAL

Utilice pequeñas porciones de las sustancias en cada una de las reacciones químicas y colóquelas directamente en los tubos de ensayo. Los residuos obtenidos en las experiencias échelos en los recipientes rotulados para los diferentes desechos.

IV. MATERIALES Y MÉTODOS

4.1 MATERIALES Y EQUIPOS

Gradillas	Pipetas
Vaso de precipitado	Tubos de ensayo
Probeta	

4.2 REACTIVOS

- Agua destilada, H_2O
- Indicador de fenolftaleína 1 %
- Solución de ácido muriático diluido, HCl 10%
- Solución de cloruro de bario, $BaCl_2$ 0.1 M
- Solución de cloruro de hierro (III), $FeCl_3$ 0.1 M
- Solución de cloruro de sodio, NaCl 0.1 M
- Solución de cloruro de sodio, NaOH 0.1 M
- Solución de sulfato de sodio, Na_2SO_4 0.1 M
- Solución de cloruro de calcio, $CaCl_2$ 0.1 M
- Solución de hidróxido de bario, $Ba(OH)_2$ 0.1 M
- Bicarbonato de sodio, $NaHCO_3$; Clorato de potasio, $KClO_3$; Sodio metálico, Na; Zinc metálico, Zn; Sacarosa, $C_{12}H_{22}O_{11}$ (azúcar)

4.3 PROCEDIMIENTO EXPERIMENTAL

EXPERIMENTO 1.

REACCIONES DE FORMACIÓN DE ÓXIDOS

a. Tomar una pequeña porción de **Cinta de Magnesio** y someterla a calentamiento directo con la llama del mechero. (Cuidado, no observe directamente!!!). Observe de reojo y anote.

b. Añadir 2 g de bicarbonato en un tubo de ensayo y agréguele 5 mL de HCl. Colóquele un tapón con un tubo en forma de **"L"** y recoja el gas producido en otro tubo, en el cual el extremo abierto de tubo de vidrio esté sumergido en una solución de **Hidróxido de bario (Ver Figura!!!). Observe y anote.**

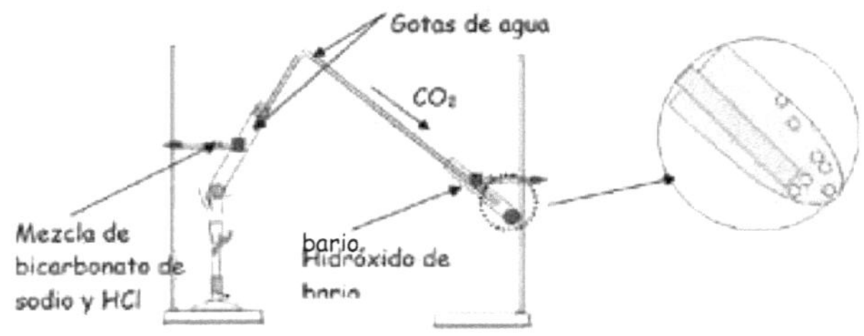

EXPERIMENTO 2.

REACCIONES DE FORMACIÓN DE HIDRÓXIDOS

a. Agregar 50 mL de agua destilada en un vaso de precipitado y añadirle 3 gotas de Fenolftaleína al 1 %. Posteriormente, agregar una pequeña porción de **Sodio metálico**. Observar y anotar.

EXPERIMENTO 3.

REACCIONES DE FORMACIÓN DE SALES

a. En un tubo de ensayo agregue 2 mL de HCl y 3 gotas de fenolftaleína. Añada una pequeña porción de Zn metálico. Observar y Anotar. Posteriormente.

b. En el segundo tubo agregar 1mL de HCl diluido y 3 gotas de fenolftaleína, agregándola gota a gota y con agitación constante una solución de NaOH 1M hasta que se manifieste el cambio de coloración del indicador. Observar y anotar.

c. En un tercer tubo agregar una pequeña cantidad de $NaHCO_3$, sólido y añadir goteando lentamente la solución de HCl al 10 %. Observar y anotar.

d. En un tubo de ensayo añadir 1 mL de $CaCl_2$ y dejar caer poco a poco por las paredes del tubo de ensayo una solución de Na_2SO_4. Observe y anote.

e. En un tubo de ensayo añadir una pequeña cantidad de $KClO_3$ y arme un sistema igual al de la **Figura del Experimento 1b** y coloque una pequeña porción de madera apagada en el segundo tubo de ensayo. Caliente el tubo que contiene el sólido en la llama del mechero. Observe y anote.

EXPERIMENTO 4.

REACCIONES INTERESANTES ¿QUÉ OCURRIÓ?

a. Sostenga un tubo de ensayo con una pinza para tubos. Agregue 1 mL de fenol y una pequeña porción de sodio metálico. Observe y anote.

b. Abra cuidadosamente una botella de Coca Cola, añada lentamente azúcar rubia y ajuste un globo en la boca de esta. Finalmente, agite el contenido de la botella. Observe y anote.

V. INDICACIONES GENERALES

• Observar y anotar los cambios que se presentan durante el desarrollo de la práctica.

• Plantear en cada experimento las ecuaciones químicas de cada reacción química debidamente balanceada y con las observaciones y cambios ocurridos.

• Relacionar los cambios experimentales ocurridos con los conocimientos teóricos involucrados en cada experiencia.

VI. CUESTIONARIO

1. ¿Qué relación existe entre los diferentes elementos y sustancias y su ubicación en la tabla periódica?

2. ¿Qué utilidad práctica podrían tener los resultados obtenidos en la experiencia 1b?.

3. Elabore un esquema general en el cual esté relacionada la reactividad y productos de las reacciones que originan todas las funciones inorgánicas.

4. ¿Qué relación existe entre la reactividad de las sustancias químicas estudiadas y sus estructuras químicas.

VII. BIBLIOGRAFÍA

Brown T. L., LeMay H. E., Bursten B. E. (2014). Química: la Ciencia central. Editorial Pearson (12ª ed.). México, D.F.

Chang R. (2010). Química. Editorial McGraw-Hill (10a ed.). México, D.F.

Petrucci R. H. (2003). Química general. Editorial Pearson Educación (8ª ed.). Madrid.

LECTURAS COMPLEMENTARIAS

Güemes R. O., Ortolan A. E., Tiburzi M., Falicoff C. B.; Raffaelli J.M., Odetti H. S. (2011). Sustancias y reacciones químicas. Temas del curso de ingreso universitario tratados con diferentes recursos. Revista Avances en Ciencias e Ingeniería 2 (4) núm. 4: 97-107.

Mora J., Piedra G., Benavides D., Ruepert C. (2012). Clasificación de reactivos químicos en los laboratorios de la Universidad Nacional. Revista Tecnología en Marcha 25 (3): 50-57.

Raviolo A., Garritz A., Sosa P. (2011). Sustancia y reacción química como conceptos centrales en química. Una discusión conceptual histórica y didáctica. Revista Eureka sobre Enseñanza y Divulgación de las Ciencias 8 (3): 240-254.

Análisis gravimétrico de sales hidratadas

I. INTRODUCCIÓN

Las sales en general contienen agua en forma de humedad adsorbida superficialmente y también como parte de su retículo cristalino, o sea incluido internamente como parte de su estructura química. Por ello, suelen denominarse a este tipo de sales como sales hidratadas.

II. CAPACIDADES

1. Determinar cuantitativamente los moles de agua presentes en un mol de diversas sales hidratadas.

2. Establecer estequiométricamente la estructura química de las sales hidratas estudiadas y contrastarla con la data que proporciona la literatura científica.

III. CUIDADO AMBIENTAL

Utilice pequeñas porciones de las sales a deshidratar en cada una de las experiencias y colóquelas directamente en las cápsulas de porcelana. Los residuos obtenidos en las experiencias se le entregarán al profesor.

IV. MATERIALES Y MÉTODOS

4.1 MATERIALES Y EQUIPOS

- Balanza analítica
- Cápsula de porcelana
- Mechero Bunsen
- Rejilla de amianto
- Tenaza
- Desecador

4.2 REACTIVOS

- Sulfato de cobre, $CuSO_4$ (s)
- Cloruro de bario, $BaCl_2$ (s)
- Acetato de plomo, $Pb(CH_3COO)_2$ (s)
- Sulfato ferroso, $FeSO_4$ (s)

4.3 PROCEDIMIENTO EXPERIMENTAL

- Para el desarrollo adecuado del análisis se debe someter previamente a calcinación del crisol de porcelana que será utilizado para deshidratar las sales a estudiar. Este proceso se lleva a cabo calentando el crisol 12 min. hasta el rojo.

- Posteriormente, el crisol se coloca en una desecadora durante 10 min. Se pesa y añade una cantidad exacta de sal hidratada en el rango de 3 a 5 g. Anotar la cantidad pesada.

- El crisol que contiene la muestra es sometido a calentamiento directamente con una llama intensa de un mechero Bunsen (combustión completa) del mechero durante 15 min. Se espera a que el sólido deje de espumear y se calienta por un tiempo adicional de 5 min.

- Culminado el tiempo de deshidratación de la muestra, se coloca rápidamente en una desecadora durante 10 min.

- Finalmente, se pesa la muestra deshidratada, se registra y devuelve a la desecadora.

V. INDICACIONES GENERALES

- Observar y anotar los cambios que se presentan durante el desarrollo de la práctica.
- Calcule la masa de agua pérdida durante la deshidratación y determina los moles de agua que contienen las sales estudiadas.
- En el procedimiento gravimétrico acostumbrado, se pesa la muestra y a partir de este valor se calcula la masa del analito presente en la muestra analizada. Por consiguiente el porcentaje de humedad y, el porcentaje de analito A es:

$$\%A = \frac{masa\ de\ A}{masa\ de\ muestra} \times 100$$

• Relacionar los cambios experimentales ocurridos con los conocimientos teóricos involucrados en cada experiencia

VI. CUESTIONARIO

1. ¿Cuál es el objetivo de colocar en varias ocasiones el crisol en varias ocasiones en el desecador y no se procedió pesarlo directamente?

2. ¿Por qué la muestra se calienta con una llama de una combustión completa?

3. ¿Es adecuada la cantidad de sustancia utilizada o debe utilizarse menor cantidad?. Explique.

4. ¿Qué importancia tiene la metodología experimental aplicada?

5. ¿Cuáles serían las posibles fuentes de error de esta metodología aplicadas?

VII. BIBLIOGRAFÍA

Chang R. (2010). Análisis gravimétrico. En: Química (pp. 151-153). Editorial McGraw-Hill (10ma ed.). México, D.F.

Robinson J. F. (2000). Química analítica contemporánea. Editorial Pearson Educación. México, D.F.

LECTURAS COMPLEMENTARIAS

Chen Y., Del Valle M.A., Valdebenito N., Zacconi F. (2014). Mediciones y métodos de uso común en el laboratorio de química. Ediciones Universidad Católica de Chile. Santiago de Chile, Chile.

Rendimiento de la descomposición térmica del clorato de potasio

I. INTRODUCCIÓN

La atmósfera constituye una mezcla de gases que rodea el planeta Tierra que denominados aire y que es de vital importancia. El cambio de sus propiedades, tales como la presión o la temperatura ocasionan cambios profundos en la proporción de vapor de agua presente en el ciclo del agua a través de las nubes y las diversas formas de existencia de este líquido vital para la vida como las lluvias, las gotas suspendidas en el aire y la nieve. Todos estos cambios constituyen el clima y su conexión directa con las propiedades de los gases constituye un hecho ineludible que debe ser estudiado en el laboratorio.

La evolución de los seres vivos en la biosfera también ha sido profundamente afectada por las propiedades de los gases en la tierra a través de la evolución de los pulmones, un órgano especializado en el manejo de los gases, cuya conexión con el torrente sanguíneo permite la distribución de gases como el oxígeno hacia el interior de diversos órganos o la salida del anhídrido carbónico hacia el exterior y su eliminación final.

La variación del volumen de los gases también está relacionada de manera directa con la tecnología, el uso de diversos equipos del hogar y la industria actual tales como la industria automovilística y armamentista, o sea la vida en este planeta está profundamente conectada con las propiedades de los gases

FUNDAMENTO TEÓRICO

El comportamiento ideal de los gases responde al cambio de su presión y la temperatura a través de procesos físicos de expansión y compresión debidamente establecidos a través de las leyes de los gases. Su comprensión es vital para establecer su comportamiento ideal:

1. LEY de BOYLE: RELACIÓN PRESIÓN-VOLUMEN

La disminución de la presión que se ejerce sobre un globo provoca la expansión de este. Por tal motivo, los globos utilizados en meteorología operan procesos de expansión en la medida que se van elevando en las capas de la atmósfera. El resultado opuesto consiste en los procesos de compresión sobre un gas, causando el aumento progresivo de la presión interna del gas.

La ley que rige ese comportamiento de los gases es la denominada Ley de Boyle, estableciendo la relación de proporcionalidad inversa entre el volumen y la presión a temperatura constante, o sea al someter a condiciones isotérmicas una masa de gas se establece que su volumen se comporta inversamente proporcional respecto a la presión. Expresándolo matemáticamente quedaría:

$$P_1 V_1 = \text{constante}$$

2. LEY de CHARLES: RELACIÓN TEMPERATURA - VOLUMEN

La elevación en la atmósfera de globos que han sido rellenados con aire caliente o el encogimiento o contracción como si se hubiese desinflado al ser sumergido en nitrógeno líquido, demuestra la estrecha relación que existe entre el volumen y la temperatura de los gases.

En el primer fenómeno, el aire calienta se ha expandido y su densidad es menor a la del aire frío). Esto trae como consecuencia una diferencia de densidad que causa el ascenso del globo en condiciones de igualdad de presión (isobáricas). En el segundo fenómeno, al sumergir el globo en nitrógeno líquido la presión final es inferior a la inicial con la consecuente reducción de su volumen.

Estas experiencias derivan en la esencia de la Ley de Charles: *"El volumen de una masa de gas varía directamente con la temperatura absoluta del gas cuando la presión se mantiene constante"*. La temperatura absoluta es la temperatura medida con la escala Kelvin. Matemáticamente, la ley de Charles tiene la forma siguiente:

$$\frac{V_1}{T_1} = \text{Constante}$$

3. LEY de AVOGADRO: RELACIÓN CANTIDAD-VOLUMEN

El trabajo experimental desarrollado por Gay-Lussac y Avogadro permitió establecer la relación existente entre la cantidad de un gas y su volumen. En ese sentido, ocurre que cuando se le añade gas a un globo este sufre un proceso de expansión dependiente tanto de la presión y la temperatura como de la masa de gas añadida.

De acuerdo con la hipótesis que sostenía el físico y químico Avogadro cuando se realiza una experiencia utilizando volúmenes iguales de gases y están sometidos a la misma temperatura; entonces el número de moléculas presentes también será igual. Una forma de comprobarlo consiste en disponer exactamente de 22,41 L de un gas y colocarlo en condiciones de 0°C de temperatura y 1 atm de presión. La determinación final daría como resultado que ese volumen de gas tiene $6,022 \times 10^{23}$ moléculas del gas (o sea, 1 mol).

La Ley de Avogadro establece que el volumen de un gas es directamente proporcional al número de moles (o número de partículas) de gas cuando la temperatura y la presión se mantienen constantes. Matemáticamente se le puede representar por la siguiente expresión:

$$\frac{V_1}{n_1} = \text{Constante}$$

4. ECUACIÓN DEL GAS IDEAL

El término gas ideal es un concepto hipotético creado para modelar y predecir el comportamiento de los gases reales. Las moléculas de gas ideales no se atraen ni se repelen entre sí. La única interacción entre las moléculas de gas ideales sería una colisión elástica al impactar entre sí o una colisión elástica (conservación de la energía cinética total) con las paredes del recipiente.

Las moléculas de gas ideales en sí mismas no ocupan volumen. El gas ocupa volumen ya que las moléculas se expanden en una gran región del espacio, pero las moléculas de gas ideal se aproximan como partículas puntuales que no tienen volumen en sí mismas.

La presión (P), volumen (V) y temperatura (T) de un gas ideal se relacionan entre a través de una simple fórmula llamada ley del gas ideal. La simplicidad de esta relación denota el sentido y tratamiento ideal de los gases que en la realidad requiere de correcciones. Esa importante fórmula del gas ideal se describe como:

$$PV = nRT$$

Donde: R es la constante universal de los gases, dependiente de las unidades de P, V, n y T. La temperatura se expresa en términos de temperatura absoluta. La cantidad de gas (n), se expresa en moles. Los valores que puede tener R están en función de las unidades de medida utilizadas para P y V, tales como:

VALORES NUMÉRICOS DE R

UNIDADES	VALOR DE R	UNIDADES	VALOR DE R
L.atm/mol.K	0,08206	m^3.Pa/mol.K	8,314
Cal/mol.K	1,987	L.mmHg/mol°K	62,36
J/mol.K	8,3145	L.torr/mol.K	62,36

Cuando un gas es sometido a una temperatura de 0°C y una presión de 1 atm se denominan Temperatura y Presión Estándar (TPE) o Condiciones Normales de Presión y Temperatura (CNPT). El volumen que ocupa un gas en estas condiciones es el denominado Volumen Molar, igual a 22,41 L.

De acuerdo con el Sistema Internacional de Medida la unidad de la presión oficial es el **Pascal** (Pa), la cual es una unidad derivada:

$1 \text{ Pa} = (N. \text{ m}^{-2}) = (1 \text{ kg. m}^{-1}. \text{ s}^{-2})$

$1 \text{ atm} = 1,01325 \times 10^5 \text{ Pa} = 760 \text{ torr} = 760 \text{ mmHg}$

La elevada densidad del mercurio (13,6 g/cm^3), siempre ha sido un factor importante para considerar este metal líquido como el mejor líquido barométrico.

5. ECUACIÓN Y LEYES DE LOS GASES IDEALES

La variación de los parámetros que caracterizan un gas (P, V, T), manteniendo contante el gas y su cantidad en un sistema cerrado; implica que n se mantiene constante. Esto implica que la conocida ecuación de los gases ideales toma la forma:

$$\frac{PV}{T} = nR = Constante$$

Representando los cambios operados inicialmente en el gas con el subíndice 1 y el cambio resultante al término de los cambios como el subíndice 2; aplicando la ecuación en ambos momentos quedaría:

$$\frac{P_1 V_1}{T_1} = \frac{P_2 V_2}{T_2}$$

Este proceso de simplificación, colocando los parámetros que se mantienen constante a la derecha de la ecuación e igualando los parámetros que varían al inicio y al final, permite la deducción de cada una de las expresiones matemáticas de las diferentes leyes de los gases.

6. DENSIDAD DE LOS GASES Y MASA MOLAR

La densidad de cualquier material o sustancia se encuentra relacionado por la masa de ese material o sustancia y el volumen que esta ocupa. Considerando que la masa (m) se expresa en g o kg y el volumen en m^3. Las unidades de medida de la densidad quedarían en kg/m^3, aunque en la literatura también se suele encontrar expresada en g/cm^3. La fórmula de densidad (d) quedaría como:

$$\frac{m}{V} = d$$

Aplicando la ecuación universal de los gases:

$$PV = nRT$$

Considerando que número de moles (n) de un gas relaciona su masa (m) y peso molecular (PM) según:

$$n = \frac{m}{PM} \qquad (1)$$

Sustituyendo la expresión de n (1) en la ecuación de los gases quedaría:

$$PV = \frac{m}{PM} RT \qquad (2)$$

Reordenando la ecuación (2) tenemos:

$$PPM = \frac{m}{V} RT$$

Considerando que d = m/V, entonces quedaría:

$$\boxed{d = \frac{PPM}{RT}} \qquad (3)$$

La ecuación (3) muestra la relación directa que posee la densidad de un gas con su peso molecular (PM) y su presión (P), así como su relación inversa con la temperatura (T). En otras palabras, en la medida que un gas posea un mayor PM y P, mayor es su densidad. Por otra parte, valores elevados de temperatura implica una reducción de la densidad de un gas.

Si la densidad del gas es mayor que la del aire, como en el caso del cloro, el gas tenderá a asentarse en todos los puntos bajos. Si la densidad del gas es menor que la del aire, como en el caso del amoniaco gaseoso, el gas subirá. Por otra parte, que aunque no es venenoso, debido a que su densidad es mayor que la del aire, puede asfixiar a las personas.

En el caso del vapor de agua, este posee menor densidad que el aire. Por consiguiente, el aire húmedo es un poco menos denso que el aire seco. La presión barométrica es baja cuando el aire es húmedo, de modo que cuando la presión desciende se produce lluvia.

7. MEZCLA DE GASES Y PRESIONES PARCIALES

Cuando se presenta una mezcla de gases, la presión ejercida por cada uno de los gases presentes, se le denomina presión parcial. Si consideramos la presión total de la mezcla como P_T y las presiones de cada uno de los gases de la mezcla como P_1, P_2, P_3, etc. Entonces, podemos definir la ley que rige la presión de la mezcla, denominada ley de Dalton, la misma plantea que:

$$P_T = P_1 + P_2 + P_3 + ...$$

Esta ecuación representa la ley de Dalton y significa que **la presión total de la mezcla de gases es igual a la sumatoria de las presiones parciales de cada uno de los gases que forman parte de la mezcla.**

Bajo condiciones ordinarias todas las mezclas gaseosas son soluciones, esto es, las mezclas de gases sólo contienen una fase. Si ha pasado el tiempo suficiente para que se combinen completamente los gases, la composición será la misma, en cualquier punto de la mezcla. Aunque el humo está formado por partículas sólidas pequeñas y aire, no se considera mezcla gaseosa. La misma situación se presenta con la niebla, una mezcla de gotitas diminutas de agua líquida y aire. El humo y la niebla son coloides.

II. CAPACIDADES

1. Describe adecuadamente las leyes de los gases ideales.

2. Aplica el conocimiento teórico de las leyes de los gases en la determinación experimental de la eficiencia de un proceso químico (descomposición térmica del clorato de potasio, $KClO_3$).

III. CUIDADO AMBIENTAL

Utilice pequeñas porciones de las sustancias en cada una de las reacciones químicas y colóquelas directamente en los tubos de ensayo. Los residuos obtenidos en las experiencias se colocan en los recipientes rotulados para los diferentes desechos. Durante las experiencias utilice lentes, guantes y máscaras para la protección y seguridad al emplear disolventes tóxicos como el benceno y el tolueno.

IV. MATERIALES Y MÉTODOS

4.1 MATERIALES Y EQUIPOS

Balanza	Equipo de generación de oxígeno
Bureta	Mechero Bunsen
Vaso de precipitado	Soporte universal
Barómetro	Termómetro
Trípode	Llave para bureta
Tubo de pyrex	

4.2 REACTIVOS

* Clorato de potasio, $KClO_3$
* Agua destilada, H_2O

4.3 PROCEDIMIENTO EXPERIMENTAL

EXPERIMENTO 1. DESCOMPOSICION TERMICA DEL CLORATO DE POTASIO

* Preparar el equipo para el estudio de la descomposición térmica del clorato de potasio que permite la liberación y colecta del oxígeno. Se llena la bureta completamente con agua potable y se coloca invertida dentro de un vaso de 250 mL que contiene aproximadamente 200 mL de agua. Sujetar la bureta en el soporte, con la ayuda de la pinza de bureta según (**Ver Figura**).

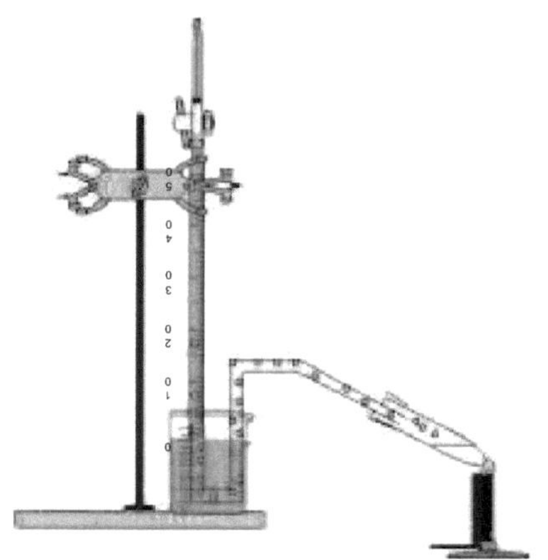

* Pesar previamente el tubo

con exactitud donde se colocará la muestra de $KClO_3$ y anotar su peso.

- Pesar con exactitud 0.1 g de $KClO_3$ en el tubo pyrex pequeño y unirlo cuidadosamente al sistema (**Ver Figura**).

- Revisar las conexiones y enrasar cuidadosamente la bureta.

- Calentar suavemente el tubo y posteriormente continuar con mayor intensidad, para causar la descomposición del $KClO_3$ y el desprendimiento del oxígeno.

- Medir el volumen con la lectura en la bureta de la diferencia de volúmenes por el descenso provocado. La diferencia de volúmenes equivale al volumen de oxígeno húmedo colectado. Observar y anotar.

- Colocar el tubo en una desecadora y dejarlo en reposo para que se enfríe y alcance peso constante. Se pesa y determina la diferencia de peso, la que es igual al peso de oxígeno liberado en la descomposición de la muestra y colectado en la bureta.

- Medir la temperatura de trabajo en el laboratorio durante el desarrollo de la experiencia, así como la presión atmosférica con la ayuda de un barómetro.

- Utilizar el material de Ayuda Académica de acceso virtual respecto a la tabla con datos y gráfico del comportamiento de la presión del vapor de agua a diferentes temperaturas y elegir la presión de vapor de agua requerida. En caso de no encontrar directamente el valor se grafican los datos disponibles de presión de vapor vs. Temperatura en Excel y se interpola el valor de temperatura medido para obtener el valor de presión requerido.

- Aplicar la ley de Dalton a la mezcla binaria de la experiencia y conociendo la presión parcial del vapor de agua calcular la presión parcial del oxígeno seco, el volumen molar del oxígeno en las condiciones del laboratorio, así como el volumen molar a temperatura y presión estándar. Comparar con el valor teórico de 22,41 L/mol.

- Calcular el número de moles de oxígeno teórico de acuerdo con la relación estequiométrica de la ecuación química de descomposición del $KClO_3$.

- Calcular el número de moles de oxígeno seco obtenido durante la experiencia a partir de 0.1 g de muestra de $KClO_3$.

- Calcular el rendimiento de la descomposición del $KClO_3$.

V. INDICACIONES GENERALES

Observar y anotar los cambios que se presentan durante el desarrollo de la práctica. Tabule los datos y realice los cálculos pertinentes.

VI. CUESTIONARIO

1. ¿Por qué podemos aplicar la Ley de Dalton al desarrollar los cálculos correspondientes al experimento?

   - ¿Será igual a 1 atm la presión atmosférica de trabajo que está operando en el laboratorio durante la práctica? ¿Por qué?

   - ¿Qué relación tienen la presión y la altura?

   - ¿Podemos considerar el gas colectado un gas ideal?

   - ¿Por qué podemos aplicar la ecuación de los gases ideales?

   - Realice un cuadro comparativo entre las características de un gas real y un gas ideal.

2. La determinación cuantitativa aplicando las leyes de los gases permite obtener resultados muy fiables, no obstante ello:

   - ¿Qué mejoras le introduciría Ud. a la experiencia, que permita obtener resultados de mayor calidad?

   - ¿Cuáles podrían ser las fuentes de error durante el desarrollo del experimento?

   - Proponga una aplicación interesante y útil de la metodología experimental utilizada.

VII. BIBLIOGRAFÍA

Petrucci R. H., Harwood W. S., Herring F. G. (2003). Enlace químico I: Conceptos básicos. En: Química General (pp. 388-434). Pearson Educación, S.A (8va ed.). Madrid.

Chang R. (2010). Química. Editorial McGraw-Hill (10ma ed.). México, D.F.

LECTURAS COMPLEMENTARIAS

Guillermo Ríos L. A. (2007). Gases ideales: procesos psicrométricos. Scientia et Technica Año XIII (37): 481-486. Universidad Tecnológica de Pereira.

Adsorción de cobre en disolución acuosa

I. INTRODUCCIÓN

El desarrollo tecnológico actual utiliza ampliamente tecnologías en las cuales los fenómenos de adsorción superficial juegan un papel importante. En ese sentido, y a modo de ejemplo, podemos aludir a los procesos catalíticos de amplia aplicación en la industria química, automovilística y laboratorios del mundo, entre otros. Muchos sólidos tienen la propiedad de adsorber fijando especies químicas (iones o moléculas) a nivel superficial, ya que dicha propiedad es más intensa en grandes zonas de contacto como el de los materiales porosos finamente divididos por efecto de las fuerzas superficiales no compensadas. Los fenómenos de adsorción pueden ser físicos o químicos. Los mismos son muy específicos, de esta forma un determinado soluto puede ser adsorbido selectivamente de una disolución heterogénea.

En general, los procesos de adsorción comprenden etapas de separación y concentración, involucrando uno o varios componentes de un sistema sobre superficies de naturaleza sólida o líquida. Los sistemas heterogéneos de adsorción pueden clasificarse como: sólido-liquido, sólido-gas y líquido-gas. De tal manera, que los componentes de interés son selectivamente adsorbidos entre fases sólidas y líquidas. En consecuencia, un estudio de procesos de adsorción consiste en determinar cuantitativamente la relación que existe entre la cantidad de componente líquido o gaseoso que es adsorbido por una cantidad determinada de adsorbente sólido o líquido en condiciones isotérmicas (temperatura constante), representándose gráficamente los resultados obtenidos en dichos estudios en las denominadas *isotermas de adsorción*.

II. CAPACIDADES

1. Representa gráficamente la isoterma de adsorción de un soluto en una disolución acuosa.

2. Determina cuantitativamente el contenido de cobre en solución mediante espectrofotometría UV-VIS.

III. FUNDAMENTO TEÓRICO

3.1. Adsorción.- El concepto de proceso de adsorción fue empleado inicialmente por H. Kayser en el año 1881. Teniendo en cuenta las indicaciones de E. du Bois-Reymond, se refiere estrictamente a la presencia de una concentración más elevada de cualquier componente capaz de ser contenido en el interior de una superficie de un adsorbente líquido o sólido. Los fenómenos de adsorción son fenómenos superficiales, en los que las especies químicas (iones, moléculas) presentes en un sistema, son selectivamente orientados y concentrados sobre la superficie de la sustancia adsorbente, producto de la acción de fuerzas de naturaleza electroquímica.

La sustancia o componente que es adsorbido y concentrado superficialmente se denomina *adsorbato,* mientras que el material sólido o líquido que posee la capacidad de adsorber se denomina *adsorbente.* Los adsorbentes consisten en materiales de origen natural o sintéticos de estructura amorfa y microcristalina; los más utilizados a nivel mundial en la industria y en los laboratorios son: carbón activado, zeolita, alúmina, gel de sílice y arcillas, entre otros. Existen tres tipos fundamentales de adsorción: física, química y por intercambio.

3.1.1. Adsorción física.- Relativamente inespecífica se presenta por débiles fuerzas de atracción entre las moléculas o fuerzas de Van der Waals. La molécula adsorbida no se fija a un sitio particular de la superficie sólida, sino que se mueve libremente sobre ésta. El material adsorbido se puede acumular formando multicapas superpuestas en la superficie del adsorbente. Esta adsorción es reversible, con una disminución de la concentración la desorción del material ocurre con el mismo procedimiento en que fue adsorbido.

3.1.2 Adsorción química.- Se presenta por efecto de fuerzas mucho más intensas comparables con las interacciones de los enlaces cuando se forman los compuestos químicos. El material adsorbido forma una capa sobre la superficie que tiene sólo el espesor de una molécula, y las moléculas no tienen la libertad para moverse de un sitio a otro en la superficie. Cuando la superficie está cubierta por una capa monomolecular, la capacidad del adsorbente se agota. Esta adsorción raramente es reversible; el adsorbente generalmente se tiene que calentar a temperaturas altas para remover el material adsorbido.

3.1.3 Adsorción por intercambio.- Caracterizado por la atracción eléctrica entre el adsorbato y la superficie. Dentro de esta clase se incluye el intercambio iónico. Los iones se concentran en una superficie como resultado de la atracción electrostática hacia sitios de carga opuesta. Para dos adsorbatos iónicos posibles, a igualdad de otros factores, la carga del ión es el factor determinante en la adsorción de intercambio. Para iones de igual carga, el tamaño molecular (radio de solvatación) determina el orden de preferencia para la adsorción.

En general, los iones con carga mayor, como los trivalentes, son atraídos más fuertemente hacia el sitio de carga opuesta que las especies químicas de menor carga, como los iones monovalentes. Además, a menor tamaño del ion (radio hidratado) mayor la atracción.

3.1.4 Adsorción de solutos desde disoluciones.- La adsorción de solutos de una disolución sigue los mismos principios que la adsorción de gases; donde la cantidad de gas adsorbido depende del adsorbente, adsorbato, área superficial, temperatura y presión del gas.

Selectividad.- La adsorción selectiva de una única especie química en una superficie sólida desde una mezcla líquida es un fenómeno que ocurre comúnmente en ciencia de materiales y tiene aplicaciones tecnológicas de alto impacto. El procedimiento se fundamenta en la adsorción del soluto o del disolvente, considerando que raras veces ocurre la fijación de los dos al mismo tiempo.

De acuerdo con la naturaleza química algunas sustancias se adsorben mejor frente a otras, donde los iones tienen preferencia frente a los no electrolitos, la magnitud de adsorción de electrolitos depende de la concentración y pH de la disolución.

El carbón activado como adsorbente. - El carbón vegetal es el único material común que presenta un comportamiento prácticamente independiente de la carga eléctrica del material adsorbido, ha sido utilizado exitosamente durante siglos en forma de polvo y en forma granular.

El carbón activado se elabora con la finalidad de obtener un producto con capacidad de adsorción provisto de una superficie interna de grandes dimensiones en el rango de 500 - 1500 m^2g^{-1}. Esta característica estructural sin duda caracteriza al carbón activado como un adsorbente ideal.

El carbón activado se comercializa principalmente en dos presentaciones: carbón activado en polvo con un diámetro menor a 0.074 mm y el carbón activado granular con un diámetro de partícula de 0.1 mm. La superficie del carbón activo es no polar, resultando con una enorme afinidad por los adsorbatos no polares como son los compuestos orgánicos. Su eficiencia se caracteriza por la variación inversa con la temperatura y la variación directa con la complejidad de la molécula del adsorbato.

3.1.5 Isotermas de adsorción.- Es la representación gráfica que demuestra la conexión existente entre la cantidad de sustancia adsorbida por gramo de adsorbente y la presión de equilibrio del adsorbato, realizando el proceso a temperatura constante.

Frecuentemente hay una superposición de las etapas de formación de la submonocapa, monocapa, multicapa y condensación capilar lo que provoca que la interpretación de los estudios de adsorción sea complicada, pero se pueden llevar a cabo mediante las seis formas de isotermas de adsorción mostradas en la Figura 1; de las cuales las primeras cinco corresponden a la clasificación realizada por Brunauer, Emmett y Teller en 1943 y la sexta es una reciente adición.

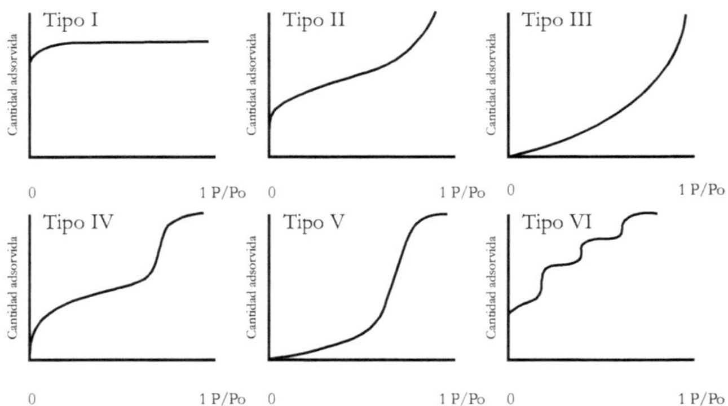

Figura 1. Tipos de isotermas de adsorción

Durante los procesos de adsorción de gases sobre un sólido, se han observado seis tipos generales de isotermas de adsorción. La adsorción química solo presenta un comportamiento similar al de las isotermas del tipo I, mientras que para los procesos de adsorción física se presentan los seis tipos.

En la isoterma de tipo I, la cantidad de gas adsorbido por una cantidad
dada de adsorbente, aumenta rápido con la presión y luego mucho
más lento cuando la superficie se cubre con las moléculas del gas. La
explicación propuesta para los tipos II y III, es que en éstos la adsorción
es multimolecular, es decir que se forma una capa de varias moléculas en
profundidad sobre la superficie; y en los tipos IV, V y VI se sugiere que
además de adsorción multimolecular, hay una condensación del gas en los
poros y capilares del adsorbente.

Para la adsorción desde soluciones se encuentra que generalmente la
cantidad adsorbida aumenta con la concentración del soluto o sustancia
disuelto hasta un valor definido de saturación; comportamiento que
corresponde a las isotermas del tipo I, cuyas relaciones matemáticas
formuladas son las ecuaciones de Freundlich y de Langmuir:

La Ecuación de Freundlich corresponde a una relación empírica de
la forma:

$$\frac{x}{m} = k\, C^{n} \tag{1}$$

<u>Donde</u>:

$\frac{x}{m}$ = Masa del soluto o sustancia adsorbida por unidad de masa o de área
de adsorbente.

C = Concentración de equilibrio de la solución.

K, n = Constantes empíricas que dependen del adsorbato, adsorbente,
temperatura y solvente.

Aplicando logaritmos a la ecuación 1, se obtiene una ecuación que
permite obtener los valores de las constantes k y n:

$$\log\left(\frac{x}{m}\right) = \log k + n \log C \tag{2}$$

Graficando "$\log\left(\dfrac{x}{m}\right)$" contra "log C", se obtiene una línea recta con
pendiente n e intercepto ubicado sobre la ordenada y cuyo valor es igual
a "log k".

Ecuación de Langmuir.- Se fundamenta en la consideración teórica de
que la adsorción se desarrolla en capas monomoleculares, restringiendo

a medida que se lleva a cabo la adsorción, que ésta sólo pueda proseguir en sitios desocupados de la superficie del adsorbente. Para adsorción a partir de disoluciones la ecuación es:

$$\left(\frac{x}{m}\right) = \frac{a\,C}{(1 + b\,C)} \tag{3}$$

Donde: a y b son constantes propias del sistema considerado. La ecuación 3 se puede adecuar a la forma lineal obteniéndose:

$$\frac{C}{\left(\frac{x}{m}\right)} = \frac{1}{a} + \frac{b}{a}\,C \tag{4}$$

Graficando "$\frac{C}{\left(\frac{x}{m}\right)}$" **contra "C"** resulta una línea recta cuya **pendiente** será igual a **(b/a)** y su intercepto sobre la **ordenada** igual a **(1/a)**. La práctica confirma la ecuación de Langmuir, lo que da seguridad a su teoría.

3.2 Espectrofotometría UV-VIS

Esta técnica consiste en el suministro de energía visible o ultravioleta a moléculas que son analizadas en solución (analitos), que originan saltos electrónicos moleculares o atómicos, específicamente en átomos cuya estructura posee electrones en orbitales d y f como los metales de transición, lantánidos y actínidos, siendo justamente en estos orbitales donde pueden tener lugar transiciones del orden de la ultravioleta o visible. Por ello, en compuestos que contienen metales como el cobre pueden ser analizados a través del estudio de su espectro de absorción uv-visible.

Los electrones absorben fotones cuyas energías se encuentran en la región ultravioleta y visible del espectro electromagnético, la molécula es excitada inicial y posteriormente alcanza el estado de relajación liberando radiación uv-visible, la que es registrada cuantitativamente por un espectrofotómetro uv-vis.

El empleo de esta técnica con fines cuantitativos en esta práctica es posible debido al cumplimiento de la Ley de Beer, la que establece la existencia de una relación exacta entre la radiación absorbida por un analito en solución a una determinada longitud de onda y su concentración en ese medio de acuerdo con la ecuación general:

$$A = \varepsilon \, c \, l \qquad\qquad (5)$$

<u>Donde:</u>

A : Absorbancia del analito en solución.

ε : Coeficiente de absorción molar relacionado con el disolvente y la longitud de onda de la medición.

c : Concentración del analito

l : Longitud del camino óptico de la radiación en el interior de la muestra

Para determinar la absorbancia del analito en función de la longitud de onda y poder calcular su concentración se utiliza un equipo denominado Espectrofotómetro UV-VIS. Estos equipos en general están conformados por cinco partes principales como se muestra en la Figura 2:

1. Fuente de radiación: Lámpara de filamento de wolframio.
2. Monocromador: Selecciona la longitud de onda requerida, originando un haz de luz monocromática.
3. Cubeta: Recipiente contenedor de la muestra de cuarzo, plástico o vidrio y un espesor de 1 cm.
4. Detector: Genera una corriente eléctrica proporcional al número de fotones que ha absorbido el analito.
5. Sistema de cómputo: Visualiza en tiempo real el espectro de la Absorbancia de la muestra (A) contra la Longitud de onda (λ).

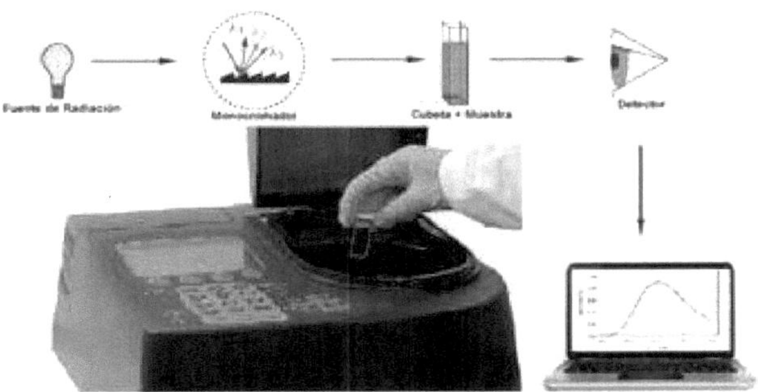

Figura 2. Componentes de un Espectrofotómetro UV-VIS

IV. MATERIALES Y MÉTODOS

4.1 Materiales	Cantidad
Agitador orbital	1
Agitadores de vidrio	4
Embudo de filtración	4
Espátula	2
Espectrofotómetro	1
Matraz volumétrico de 100 mL	6
Matraz Erlenmeyer de 250 mL	6
Papel de filtro fino	4
Pipetas volumétricas de 5 y 10 mL	8
Porta embudos	4
Termómetro	1
Termostato	1
Tubos de prueba de 20 mL	10
Vasos de precipitado 100 mL	6
4.2 Reactivos	**Cantidad**
Agua destilada	1,0 L
Nitrato de cobre, $Cu(NO_3)_2$	5,0 g
Carbón activado	30,0 g

4.3 PROCEDIMIENTO EXPERIMENTAL

Realizar la adsorción de nitrato de cobre a partir de una disolución de nitrato de cobre de concentración conocida, utilizando carbón activado.

4.3.1 Preparación de las disoluciones acuosas de nitrato de cobre

• Preparar la disolución madre de nitrato de cobre 0,5 M
• A partir de la disolución madre, por dilución, preparar cinco disoluciones de 100 mL de nitrato de cobre 0,07; 0,05; 0,03; 0,02 y 0,01 M respectivamente. Completar la información en la Tabla 1.

Tabla 1. Preparación de las disoluciones acuosas de nitrato de cobre

Unidad	Disolución					
	Madre	I	II	III	IV	V
$[Cu(NO_3)_2]$ inicial (M)	0,5	0,07	0,05	0,03	0,02	0,01
$V[Cu(NO_3)_2]0,5M(mL)$						
V_{H_2O} (mL)						

• Tomar 10 mL de cada disolución en los correspondientes tubos de ensayo, debidamente rotulados.

• Depositar 3 g de carbón activado en cada uno de los cinco matraces Erlenmeyer de 250 mL debidamente rotulados y agregar los 90 mL restantes de cada disolución de nitrato de cobre (anotar los valores correspondientes en la Tabla 3).

• Los Erlenmeyer con los contenidos correspondientes se mantienen agitando en el agitador orbital o manualmente durante 30 min (tiempo que requiere el sistema necesario para alcanzar el equilibrio).

• Una vez que el sistema alcanzó el equilibrio filtrar las muestras. Tomar 10 mL de cada una de las disoluciones filtradas en tubos de ensayo debidamente rotulados.

4.3.2 Lectura de las muestras en el espectrofotómetro

Medir a 820 nm las absorbancias de las disoluciones antes y después de utilizar el carbón activado. Completar la Tabla 2.

Tabla 2. Lectura de las muestras en el espectrofotómetro

Unidad	Disolución				
	I	II	III	IV	V
C_i (Concentración inicial) (M)	0,07	0,05	0,03	0,02	0,01
Absorbancia inicial (nm)					
Absorbancia final (nm)					

V. Cálculos

* A partir de los valores de absorbancias obtenidos para la concentración inicial (C_i) de las muestras, construir la curva de calibración para el nitrato de cobre.

* Determinar la concentración final (C_f) de las muestras después de haber alcanzado el equilibrio y completar la Tabla 3.

Tabla 3. Resultados obtenidos en la adsorción de nitrato de cobre

Unidad	Disolución				
	I	II	III	IV	V
C_i (Concentración inicial) (M)	0,07	0,05	0,03	0,02	0,01
C_f (Concentración final) (M)					
$x' = V(C_i - C_f)$ (moles adsorbidos)					
carbón activado (g)					
$x = x'/m$					
$\log x$					
$\log C_f$					

* Representar la isoterma de Freundlich e indicar la ecuación de la recta y analizar dicho gráfico.

* Determinar los valores de las constantes k y n correspondientes.

VI. CUESTIONARIO

1. ¿Por qué los métodos de adsorción son de gran importancia para la industria?

2. ¿Qué beneficios podrían reportar para el Perú?. Explique con ejemplos.

3. Investigue acerca de otros métodos posibles de desarrollar en el laboratorio que combine los métodos de adsorción y la espectrofotometría UV-VIS.

VII. BIBLIOGRAFÍA

Petrucci R.H., Harwood W.S., Herring F.G. (2003). La teoría de Bohr y la espectroscopía. En: Química General (pp. 314-315). Pearson Educación, S.A. (8va ed.). Madrid.

Gavira Vallejo J. M., Hernanz Gismero A. (2007). Espectroscopía de absorción uv-visible y de luminiscencia. En: Técnicas fisicoquímicas en medio ambiente (pp. 221-251). Editorial UNED (1ra ed.). Madrid.

LECTURAS COMPLEMENTARIAS

Millán F. (2012). Conceptos y procedimientos del análisis químico contemporáneo: III. Evaluación de la espectrofotometría molecular uv-vis. Revista de Ciencia, Tecnología e Innovación, CITEIN 5: 111-136.

Owen T. (2000). Fundamentos de la espectroscopía UV-visible moderna. Conceptos básicos. Editorial Agilent Technologies. Alemania.

Determinación de la acidez total de un vinagre comercial

I. INTRODUCCIÓN

El vinagre constituye un producto industrial de amplio consumo por la población. El origen natural del vinagre lo constituyen los procesos de fermentación a partir de frutas o de la vid. El producto final de fermentación obtenido por esta vía consiste en una mezcla ácida donde los componentes mayoritarios son el agua y el ácido acético. Este último constituye el causante principal de la acidez del producto y la causa de elevado consumo a nivel mundial.

Por tal razón, el interés principal del control de calidad de este producto centra su atención en su acidez expresada como porciento (% p/v) o concentración de ácido acético (mol/L) contenido en el producto.

De acuerdo con las normas de calidad y la concentración comercial del vinagre su concentración en ácido acético varía de 4-6 % (p/v). Por tanto, la determinación de la acidez total en el laboratorio permitirá evaluar la calidad de este producto.

Por otra parte, se debe tener en cuenta que el ácido acético es de naturaleza orgánica, cuya fórmula es CH_3COOH. Es un ácido débil que se disocia parcialmente y coexiste con sus iones en solución, estableciéndose un equilibrio ácido-base. Esta es la razón por la cual la determinación de la práctica solo estaría evaluando la acidez total expresada como ácido acético y no la acidez activa real expresada como iones hidrógeno libres en solución.

II. CAPACIDADES

1. Determina el grado de acidez de una muestra comercial de vinagre.

2. Evalúa la calidad de una muestra de vinagre teniendo en cuenta los resultados obtenidos de concentración (mol/L) y porcentaje de ácido acético (% p/v).

III. CUIDADO AMBIENTAL

Utilice pequeñas porciones de las sustancias en cada una de las reacciones químicas y colóquelas directamente en los tubos de ensayo. Los residuos obtenidos en las experiencias échelos en los recipientes rotulados para los diferentes desechos.

IV. MATERIALES Y MÉTODOS

4.1 MATERIALES Y EQUIPOS

- Pipeta volumétrica 10 mL
- Pipeta volumétrica 20 mL
- Matraz volumétrico 100 mL
- Erlenmeyer 250 mL
- Bureta 25 mL
- Pinza para bureta

4.2 REACTIVOS

- Agua destilada
- Muestra de vinagre comercial.
- Solución estandarizada de hidróxido de sodio 0.1 mol/L
- Solución alcohólica de fenolftaleína al 0.5 %

4.3 PROCEDIMIENTO EXPERIMENTAL

- Medir exactamente 20 mL de una muestra de vinagre utilizando una pipeta volumétrica.

- Transvasar cuantitativamente a un matraz volumétrico de 100 mL de capacidad.

- Diluir con agua destilada hasta 100 mL, teniendo cuidado de realizar el enrase adecuado.

- Tomar 10 mL a partir de la muestra de vinagre y transvasarla a un Erlenmeyer de 250 mL. Agregarle 3 gotas de fenolftaleína al 0.5 % y agitarlo cuidadosamente hasta lograr la homogenización.

- Realizar la titulación de la muestra de trabajo con solución de NaOH 0.1 mol/L, agitándola continuamente hasta que la solución adquiere una coloración rosada que no desaparece antes de los 30 seg.

- Realizar la lectura del volumen consumido del agente titulante.

- Determinar la acidez total expresada como concentración total en mol/L y porciento de ácido acético.

V. INDICACIONES GENERALES

Si la muestra de trabajo fuese un vinagre que procede de un vino tinto se debe realizar una dilución elevada de la muestra con agua destilada antes de analizar la muestra.

VI. CUESTIONARIO

1. ¿Por qué se plantea que la acidez determinada en esta práctica no es real? Demuéstrelo.
2. ¿Cómo Ud. determinaría la acidez real de un vinagre?.
3. ¿Qué relación tiene esta práctica con el tema de la Unidad V. Estados de Agregación: equilibrios ácido-base?.
4. ¿Por qué las muestras de vinagre provenientes de la fermentación de uvas deben someterse previamente antes del análisis a un proceso de dilución?
5. El vinagre puede prepararse artificialmente a partir de soluciones de ácido acético industrial de manera más rápida ¿Por qué no se realiza esa práctica para fines alimenticios?
6. Proponga una metodología que permita detectar y diferenciar los vinagres elaborados artificialmente a partir de ácido acético industrial de los obtenidos por la vía fermentativa.

VII. BIBLIOGRAFÍA
Chang R. (2010). Valoraciones ácido débil-base fuerte. En: Química (pp. 727-728). Editorial McGraw-Hill (10ma ed.). México, D.F.

LECTURAS COMPLEMENTARIAS
INACAL. NTP 209.024:1970 (revisada el 2017). VINAGRE. Método para determinar la acidez fija. 1ª Edición (Lima). Perú.

Determinación cuantitativa de cobre en una aleación mediante Espectrofotometría UV-VIS

I. INTRODUCCIÓN

El cobre es un metal importante para el desarrollo sostenible de un país, debido a su durabilidad y puede ser reciclable sin perder sus propiedades. Por esta razón el cobre es el segundo metal de mayor consumo a nivel mundial después del aluminio. Su consumo mundial supera los 20 millones de toneladas por año.

Alguna de las propiedades que convierten al cobre en un metal tan apreciado a nivel mundial lo constituyen: su conductividad eléctrica, resistencia a la corrosión, conductividad térmica, propiedades mecánicas (fácil fabricación, dúctil, maleable, elástico, no magnético, no produce chispas, entre otros), así como su apariencia agradable.

El cobre y sus aleaciones suele utilizarse en diversos tipos de cableado eléctricos, telecomunicaciones y electrónica; conexiones en sistemas de calefacción, aire acondicionado y refrigeración; industria de producción y distribución de energía eléctrica e iluminación; infraestructura de transportes ferroviarios, marítimos y aéreos; producción y acuñación de monedas, cerraduras, y en sectores industriales estratégicos como la de los automóviles eléctricos, paneles solares y microchips de vital aplicación en informática.

Por este motivo, el estudio de metodologías analíticas que permitan la determinación del cobre en sus aleaciones y demás productos industriales constituye un aspecto importante en el conocimiento global que debe poseer un profesional de ingeniería en los momentos actuales.

II. CAPACIDADES

1. Realiza adecuadamente el procesamiento de una aleación de cobre.

2. Determina cuantitativamente el contenido de cobre presente en una aleación mediante Espectrofotometría UV-VIS.

III. CUIDADO AMBIENTAL

Utilice pequeñas porciones de las sustancias en cada una de las reacciones químicas y colóquelas directamente en los tubos de ensayo. Los residuos obtenidos en las experiencias échelos en los recipientes rotulados para los diferentes desechos.

IV. MATERIALES Y MÉTODOS

4.1 MATERIALES Y EQUIPOS

- Matraz Erlenmeyer (01)
- Matraz volumétrico 50 mL (12)
- Matraz volumétrico 250 mL (01)
- Pipetas volumétricas de 2 mL, 3 mL, 4 mL, 5 mL, 10 mL y 20 mL (01/c/u)
- Embudo de vidrio (01)
- Frasco lavador con agua destilada (01)
- Espectrofotómetro UNICO UV-VIS
- Balanza analítica
- Estufa de secado
- Campana de extracción de vapores
- Plancha de calentamiento

4.2 REACTIVOS

- Patrón de Cobre electrolítico (99.999 % de pureza)
- Ácido nítrico al 50 % (v/v)
- Hidróxido de amonio al 50 % (v/v)
- Muestra problema (aleación)

4.3 PROCEDIMIENTO EXPERIMENTAL

4.3.1 Preparación de Solución Patrón de 2000 ppm de Cobre

- Pesar 0,2 g de cobre electrolítico de 99,999 % de pureza (Patrón Primario).
- Transvasar cuantitativamente a un matraz Erlenmeyer de 250 mL.

- Añadir con una probeta 25 mL de ácido nítrico al 50 % en la campana extractora de gases.

- Colocar un embudo pequeño sobre el matraz para generar un reflujo.

- Colocar todo el conjunto sobre una plancha de calentamiento a una temperatura de 120 °C.

- Mantener el calentamiento hasta el agotamiento total del sólido y no hay liberación de gases. La solución de cobre quedará ligeramente azul.

- Calentamiento final de 15 min.

- Enfriar y transferir cuantitativamente a un matraz volumétrico de 100 mL lavando con pequeñas porciones de agua destilada y transvasar al matraz volumétrico. Enrasar con agua destilada hasta 100 mL. Rotular la solución con una concentración de 2000 ppm de Cobre.

4.3.2 Preparación de Blanco y Soluciones Estándares de 200, 400, 600, 800 y 1000 ppm de Cu (II) a partir de la Solución de 2000 ppm

- Rotular un matraz volumétrico de 50 mL como "Blanco (B1)".

- Rotular 5 matraces volumétrico de 50 mL como los estándares E1, E2, E3, E4 y E5.

- Calcular los volúmenes requeridos de la solución patrón de 2000 ppm que al ser diluidos hasta un volumen final de 50 mL, se obtengan las concentraciones necesarias.

- Agregar 20 mL de solución de hidróxido de amonio al 50 % a cada matraz volumétrico. La solución tomará un color azul intenso, dependiendo de la concentración de cobre.

- Enrasar con agua destilada hasta 50 mL y agitar adecuadamente.

4.3.3 Preparación de la Muestra

- Identificar un matraz Erlenmeyer de 250 mL como Muestra (M) y agregarle de 3-4 g de una aleación. Anote el peso exacto que da la balanza analítica.

- Añadir con una probeta 25 mL de ácido nítrico al 50 % en la campana extractora de gases.

- Realizar el proceso de oxidación y ataque con ácido nítrico de la misma forma que se realizó con el patrón primario de cobre.

- Transvasar la muestra atacada a un matraz volumétrico de 250 mL y enrazar con agua destilada.

- Tomar alicuotas de 1, 3 y 5 mL y transvasarla a matraces volumétricos de 50 mL e identificarlos como M1, M2 y M3.

- Agregar 20 mL de solución de hidróxido de amonio al 50 % a cada matraz volumétrico. La solución tomará un color azul intenso, dependiendo de la concentración de cobre.

- Enrasar con agua destilada hasta 50 mL y agitar adecuadamente.

4.3.4 Cuantificación de Cobre mediante Espectrofotometría UV-VIS

- Realizar lecturas de absorbancia a intervalos de 5 nm en el espectrofotómetro dentro del rango comprendido entre 550 y 650 nm utilizando las cinco disoluciones estándar (E1, E2, E3, E4 Y E5).

- Determinar el máximo valor de la longitud de onda ($\lambda_{máx}$).
- Calibrar el espectrofotómetro con el máximo valor de la longitud de onda ($\lambda_{máx}$) y realizar las lecturas de absorbancia de las disoluciones de la muestra problema.

- Determinar el porciento de cobre presente en la muestra de trabajo.

V. INDICACIONES GENERALES

- El tratamiento o digestión de la muestra de aleación de cobre se debe realizar en la campana extractora de gases, para evitar el contacto directo de los vapores del ácido nítrico y los gases de óxido de nitrógeno producidos en la reacción.

- Utilizar guantes y mascarilla a lo largo de toda la práctica de laboratorio.

- Los residuos generados deben ser depositados siguiendo las indicaciones del profesor en los recipientes correspondientes al final de la práctica.

- El exceso de reactivos entregar al profesor para que puedan ser etiquetados y almacenados de acuerdo con los programas de bioseguridad y manejo de reactivos corrosivos.

VI. CUESTIONARIO

1. Definir patrón primario. Justificar la respuesta.

2. Indicar la diferencia entre patrón primario y patrón secundario

3. Explicar en forma detallada por qué se calienta las muestras durante la etapa de digestión o dilución.

4. Comentar brevemente por qué se mide la absorbancia de las muestras problema a $\lambda_{máx}$.

5. En la práctica se ha utilizado un Espectrofotómetro UV – Visible, ¿podría haberse utilizado un colorímetro?. Justifica la respuesta.

VII. BIBLIOGRAFÍA

Petrucci R.H., Harwood W.S., Herring F.G. (2003). Química General. Pearson Educación, S.A (8va. ed.). Madrid.

LECTURAS COMPLEMENTARIAS

Silberberg M.S. (2002). Química. La naturaleza molecular del cambio y la materia. McGraw-Hill Interamericana Editores, S.A. de C.V. (2da. ed.). México D.F.

Electroquímica: Celda galvánica y electrólisis

I. INTRODUCCIÓN

Las soluciones de compuestos iónicos y los fluidos acuosos de los sistemas vivientes (plantas y animales) conducen apreciablemente la corriente eléctrica. Los sistemas conductores hacen que la electroquímica utilice la electricidad en múltiples actividades industriales, siendo el más importante la purificación de los metales de uso común, con excepción del hierro y el acero (hierro-carbono), y el electroplateado que se utiliza para decorar objetos y aumentar su resistencia a la corrosión.

Los procesos electroquímicos involucran cambios químicos que solo son posibles con el empleo de electrodos como parte de las celdas electroquímicas. Dichas celdas consisten en un par de electrodos inmerso en una solución electrolítica (electrólito) que son conectados externamente por un conductor metálico. Cuando la celda genera reacciones químicas que producen energía eléctrica, se denominan pila o celda galvánica. Por otra parte, cuando el suministro de corriente externa es capaz de causar reacciones químicas se les conoce como electrólisis y las celdas se denominan cubas electrolíticas.

La electroquímica consiste en el estudio de procesos químicos que dan lugar a una corriente eléctrica o la aplicación de corriente eléctrica para causar procesos químicos. Aplicando los principios de la cinética y la termodinámica estos procesos pueden estudiarse de manera similar que las reacciones químicas convencionales. Aquellos procesos electroquímicos que generan diferencias de potencial de equilibrio se estudian con la aplicación de la termodinámica. Por otra parte, los cambios químicos que ocurren en una celda electrolítica de manera irreversible deben ser estudiados a través de la cinética química.

1.1 FUNDAMENTO TEÓRICO

La electroquímica estudia la conexión existente entre la electricidad y las reacciones químicas, pudiéndose medir con gran precisión la energía eléctrica consumida o producida. Todas las reacciones electroquímicas comprenden procesos de transferencia de electrones y consisten en reacciones químicas denominadas reacciones de oxidación-reducción (reacciones redox).

Los procesos de oxidación y reducción tienen lugar en zonas físicamente separadas entre sí, o sea en electrodos distintos separados, en cuyo entorno o superficie ocurren las reacciones de oxidación y reducción. Dichos procesos electroquímicos a su vez necesitan de un método de introducción y extracción del flujo de electrones que provocan los cambios redox del sistema químico.

Generalmente, los procesos electroquímicos reactantes están contenidos en celdas o cubas electrolíticas que contienen los electrolitos y la ubicación de dos electrodos a través de los cuales ingresa o sale la corriente eléctrica en las pilas voltaicas o electrolisis, respectivamente.

1.2 Generador electroquímico de sustancias

A un generador electroquímico de sustancias se le conoce como celda electrolítica (Figura 1), sistema donde la corriente eléctrica proveniente de una fuente de energía externa provoca la ocurrencia de reacciones químicas no espontáneas.

Estos procesos químicos se denominan electrólisis o electrolíticos. Una celda electrolítica, consta de un recipiente o cuba electrolítica con una disolución específica en contacto con los electrodos inmersos en dicha disolución electrolítica y conectados a una fuente externa de corriente continua. A menudo se usan electrodos inertes (que no reaccionen).

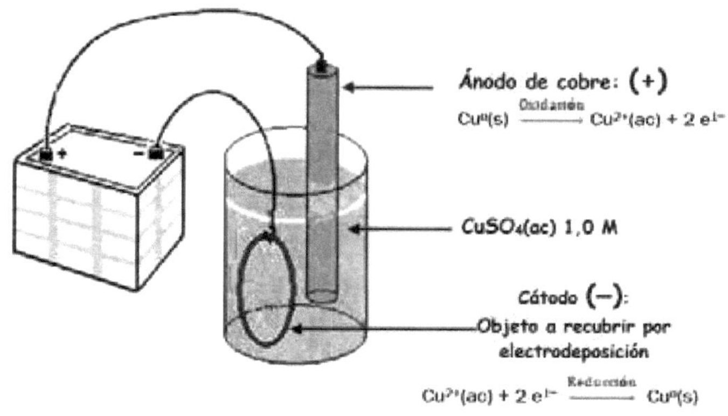

Figura 1. Generador electroquímico de sustancias electrolíticas

Las reacciones que tienen lugar en este tipo de generador electroquímico de sustancias son: producción de sustancias (electrodeposición), desprendimiento de un gas (H_2, O_2, Cl_2), oxidación o reducción de un ion que permanece en disolución ($Fe^{2+} \xrightarrow{\text{Electrolisis}} Fe^{3+}$, $Ce^{4+} \xrightarrow{\text{Electrolisis}} Ce^{3+}$), la conversión de un metal en un ion ($Cu^{o} \xrightarrow{\text{Electrolisis}} Cu^{1+}$, $Ag^{o} \xrightarrow{\text{Electrolisis}} Ag^{1+}$, etc.) siendo la cantidad producida de cualquier sustancia proporcional a la cantidad de corriente eléctrica que atraviesa la celda.

Esta relación fue descubierta por Michael Faraday y fue enunciada mediante las dos leyes de la electricidad que quedan resumidas en la siguiente equivalencia: 96500 coulombios de electricidad producen 1 equivalente-gramo de determinada sustancia en cada electrodo, según Faraday la relación es:

$$m = \frac{(P_{eq})(I)(t)}{96\,500\ C} \tag{1}$$

Donde:

m = Masa (g) de la sustancia depositada en el cátodo
P_{eq} = Peso equivalente
I = Intensidad de corriente en amperios (A)
t = Tiempo (seg)
C = Carga en coulombios (C)

1.3 Generador electroquímico de energía

Un generador electroquímico de energía se conoce como celda, pila galvánica o voltaica (Figura 2), consiste en dos electrodos diferentes inmersos en disoluciones que contienen sus iones respectivos.

La energía que se genera proviene de la diferencia de potencial electroquímico que existe entre ambos electrodos. Un ejemplo clásico de este tipo de generador es el sistema formado por: $Zn^{o}/Zn^{2+}(a = 1)//Cu^{2+}(a = 1)/Cu^{o}$, llamado también celda de Daniell, cuyo potencial de celda a condiciones estándar es: $E^{o} = +\ 1{,}1$ v. La fuerza electromotriz (fem) estándar de celda se establece como:

$$E^{o}_{Celda} = E^{o}_{Cátodo} - E^{o}_{Ánodo} \tag{2}$$

La variación de la energía libre de Gibbs (ΔG) para esta reacción se determina de las relaciones termodinámicas, considerando que la fem medida durante el proceso electroquímico es el voltaje máximo que se puede alcanzar en la celda. Este valor permite calcular la cantidad máxima de energía eléctrica que es posible obtener de la reacción química. Esta energía se utiliza para hacer trabajo eléctrico ($W_{elé, máx}$), definido como:

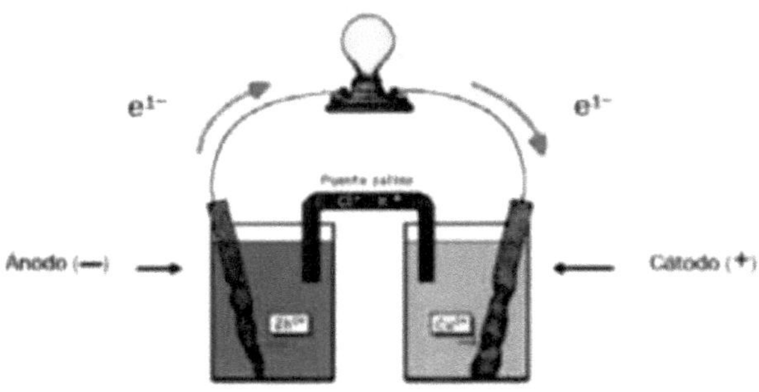

Figura 2. Generador electroquímico de energía

$$W_{elé, máx} = E_{celda} x\ Q \tag{3}$$

<u>Donde</u>:

Q = Carga eléctrica, en coulombios (C)

En el caso de una celda reversible a una temperatura y presión dada, $W_{elé, máx}$ es el trabajo máximo realizado:

$$W_{máx} = W_{elé, máx} \tag{4}$$

<u>Donde</u>:

$W_{máx}$ = Cantidad máxima de trabajo que se puede realizar

El trabajo eléctrico es equivalente al trabajo requerido para trasladar cierto número de electrones de un electrodo a otro, si trasladamos n moles de electrones, entonces la carga trasladada será n·F coulombios. El signo negativo indica que el trabajo lo realiza la celda sobre los alrededores:

$$W_{el\acute{e},\,m\acute{a}x} = -\,n\,F\,E_{celda} \tag{5}$$

Reemplazando las ecuaciones 5 en 4, se obtiene:

$$W_{m\acute{a}x} = -\,n\,F\,E_{celda} \tag{6}$$

También se define ΔG como la energía disponible para hacer trabajo, a P y T constantes:

$$\delta G = \delta W_{el\acute{e},\,rev} \tag{7}$$

Para un cambio finito:

$$\Delta G = W_{el\acute{e},\,rev} = W_{el\acute{e},\,m\acute{a}x} \tag{8}$$

De esta forma, el cambio de energía libre (ΔG) representa la cantidad máxima de trabajo útil que es posible obtener de una reacción:

$$\Delta G = W_{m\acute{a}x} \tag{9}$$

Reemplazando las ecuaciones 5 en 6, se observa que el trabajo máximo realizado es igual a la disminución de la energía de Gibbs del sistema:

$$\Delta G = -\,n\,F\,E_{celda} \tag{10}$$

Para un proceso espontáneo, n y F son cantidades positivas y ΔG es negativa, así que el E_{celda} debe ser positivo. Para las reacciones en las que los reactantes y productos se encuentran en sus estados estándares, la ecuación 10 se transforma en:

$$\Delta G^{\circ} = -\,n\,F\,E^{\circ}_{celda} \tag{11}$$

<u>Donde</u>:

E°_{celda} = Potencial estándar de celda, positivo para un proceso espontáneo.

Relacionando el $E°_{celda}$ con un cociente de actividad (Q) en la reacción redox se tiene la relación:

$$\Delta G = \Delta G° + RT \ln Q \tag{12}$$

Reemplazando las ecuaciones 10 y 11 en la ecuación 12, resulta:

$$- n\, F\, E_{celda} = - n\, F\, E°_{celda} + RT \ln Q$$

Despejando E_{celda} se obtiene la relación que se conoce como ecuación de Nernst:

$$E_{celda} = E°_{celda} - \frac{RT}{n\, F} \ln Q \tag{13}$$

<u>Donde:</u>

E_{celda} = Fuerza electromotriz de la celda

F $E°_{celda}$ = Fuerza electromotriz estándar de la celda (medida con disoluciones iónicas de concentración 1,0 M)

R = Constante universal de los gases ideales (8,3145 J/mol K)

T = Temperatura absoluta (K)

n = Número de moles de electrones intercambiados

F = Constante de Faraday (96 500 J/V mol)

Q = Cociente de actividad en la reacción redox de una celda

Q = Cociente de actividad en la reacción redox de una celda $Zn/Zn^{2+}//Cu^{2+}/Cu$:

$$\left(Q = \frac{a_{Zn^{2+}}}{a_{Cu^{2+}}} \right)$$

En la ecuación 10, reemplazando los valores de las constantes, $T = 298,15$ K y pasando **ln** a logaritmo base 10 (**log**), la ecuación final es:

$$E_{celda} = E°_{celda} - \frac{\left(8,3145\frac{J}{mol\,K}\right)(298,15\ K)(2,3026)}{n\left(96500\frac{J}{mol\,V}\right)} \log Q$$

$$E_{celda} = E°_{celda} - \frac{0,05915\ V}{n} \log Q \tag{14}$$

En la ecuación 14, para disoluciones diluidas, las actividades de los iones pueden reemplazarse por sus concentraciones respectivas.

El término celda galvánica o voltaica involucra también los siguientes sistemas:

- Dos electrodos iguales inmersos en disoluciones de diferentes concentraciones de sus iones.

- Dos electrodos iguales inmersos en disoluciones de igual concentración de sus iones, pero de diferente aireación.

- Dos electrodos diferentes inmersos en una disolución electrolítica.

II. CAPACIDADES

- Determina cuantitativamente la oxidación y reducción a través de la conversión de la energía química.

- Evalúa la corrosión de diferentes muestras metálicas.

III. CUIDADO AMBIENTAL

Utilice las cantidades mínimas requeridas para el desarrollo de las experiencias. Los residuos obtenidos en las experiencias échelos en los recipientes rotulados para los diferentes desechos.

IV. MATERIALES Y REACTIVOS

Materiales	Cantidad
Alambre de cobre, zinc y plata	
Barra de carbón	2
Barra de cobre	4
Barra de plata	2
Barra de zinc	4
Clavos de hierro de 1.5 pulgadas	4
Fuente de corriente continua	1
Gradilla para tubos	2
Hilo de seda	1
Lámina de cinc metálico (10 cm x 1 cm)	2

Lámina de cobre metálico (10 cm x 1 cm)	2
Lámina de plomo metálico (10 cm x 1 cm)	2
Pinza de cocodrilo	6
Pinza para buretas	2
Pinza para tubos	4
Potenciómetro o pH-metro	1
Probeta de 50 ml	2
Soporte universal	1
Tapones de corcho	2
Termómetro, graduado en 0.1° C	1
Transformador con salida de 12 V	1
Tubo de vidrio en U de 3 cm de diámetro	1
Tubos de ensayo	10
Vaso de precipitados de 500 y 1000 mL	1 (de c/u)
Vaso de precipitados de 150 y 250ml	6 (de c/u)
Voltímetro	3

Reactivos	Cantidad
Acetona	25 mL
Agar – agar o colapiz	2,5 g
Fenolftaleína	1 gotero
Disolución de ácido clorhídrico, HCl 1.0 M	50 mL
Disolución de almidón al 1 %	10 mL
Disolución de ácido sulfúrico, H_2SO_4 0.1 M	500 mL
Disolución de cianuro de sodio, NaCN 0.1 M	10 mL
Disolución de cloruro de cobre, $CuCl_2$ 1.0 M	100 mL
Disolución de cloruro de hierro (III) $FeCl_3$ 0.1 M	50 mL
Disolución de cloruro de potasio, KCl saturado	50 mL

Disolución de cloruro de sodio, NaCl 1.0 M	50 mL
Disolución de cloruro de zinc, $ZnCl_2$ 1.0 M	100 mL
Disolución de dicromato de potasio, $K_2Cr_2O_7$ 1.0 M	50 mL
Disolución de ferricianuro de potasio, $K_3[Fe(CN)_6]$ 1,0 M	50 mL
Disolución de hidróxido de sodio, NaOH 1.0 M	50 mL
Disolución de yodo, I_2 1.0 M	100 mL
Disolución de ioduro de potasio KI 1.0 M	150 mL
Disolución de nitrato de cobre, $Cu(NO_3)_2$ 1.0 M	100 mL
Disolución de nitrato de hierro III, $Fe(NO_3)_3$ 1.0 M	100 mL
Disolución de nitrato de plata, $AgNO_3$ 1%	50 mL
Disolución de nitrato de plomo, $Pb(NO_3)_2$ 1.0 M	100 mL
Disolución de nitrato de zinc $Zn(NO_3)_2$ 1.0 M	100 mL
Disolución de sulfato de cobre, $CuSO_4$ 1.0 M	100 mL
Disolución de Sulfato de hierro (II), $FeSO_4$ 1.0 M	100 mL
Disolución de sulfato de zinc, $ZnSO_4$ 1.0 M	100 mL
Tetracloruro de carbono q.p. CCl4	25 mL

V. PROCEDIMIENTO EXPERIMENTAL

5.1 Montaje de diversas celdas galvánicas

5.1.1 Identificación de las disoluciones

Utilizando vasos de precipitado de 150 mL tomar e identificar las siguientes disoluciones:

- 100 mL de disolución de $CuSO_4$ 1.0 M

- 100 mL de disolución de $ZnSO_4$ 1.0 M

- 200 mL de la mezcla de las disoluciones formados agregando 100 mL de la disolución de I_2 1.0 M y 100 mL de disolución de KI 1.0 M

- 200 mL de la mezcla de las disoluciones formadas agregando 100 ml de la disolución de $Fe(NO_3)_3$, 1,0 M y 100 ml de disolución de $FeSO_4$ 1.0 M

- Disolución de NaCl saturada.

5.1.2 Preparación de las semiceldas

- **<u>Semicelda Cu²⁺/Cu:</u>** Introducir una barra o lámina de cobre (completamente limpia) en el vaso que contiene la disolución de $CuSO_4$ 1,0 M.

- **<u>Semicelda Zn²⁺/Zn:</u>** Introducir una barra o lámina de cinc (completamente limpia) en el vaso que contiene la disolución de $ZnSO_4$ 1,0 M.

- **<u>Semicelda I₂/2I¹⁻:</u>** Introducir un electrodo de grafito (completamente

  limpio) en el vaso que contiene los 200 mL de la mezcla de las disolución de I_2 y $I^{!-}$

- **<u>Semicelda Fe³⁺/Fe²⁺</u>:** Introducir un electrodo de grafito (completamente limpia) en el vaso que contiene los 200 mL de la mezcla de las disoluciones de $Fe(NO_3)_3$ y $FeSO_4$.

5.1.3 Montaje de la celda

- Cada celda, o pila, se forma conectando dos semiceldas a través de un puente salino.

- La preparación del puente salino se realiza en un tubo en U con una mezcla formada al disolver agar-agar al 1 % en una disolución saturada de NaCl o KCl, en caliente.

- Unir los dos electrodos con un alambre conductor a través de un voltímetro y medir la diferencia de potencial que se presenta entre ambos electrodos (Figura 5).

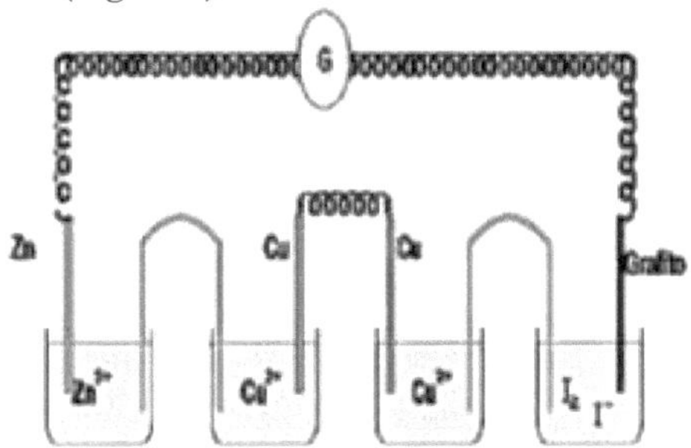

Figura 3. Montaje de las celdas

5.1.4 Determinar la fuerza electromotriz de las siguientes celdas

* Adecuar el montaje de cada celda, medir el potencial correspondiente con el voltímetro (tener en cuenta los signos), anotar el resultado:

* Semicelda Zn/Zn^{2+} con semicelda Cu^{2+}/Cu

* Semicelda $I_2/2I^{1-}$ con semicelda Cu^{2+}/Cu

* Semicelda Zn/Zn^{2+} con semicelda $I_2/2I^{1-}$

* Semicelda $I_2/2I^{1-}$ con semicelda Fe^{3+}/Fe^{2+}

* Semicelda Fe^{3+}/Fe^{2+} con semicelda Cu^{2+}/Cu

* Determinar la fem de la celda de la Figura 5.

* Construir un sistema similar al de la Figura 5 para medir el potencial de la semicelda de Fe^{3+}/Fe^{2+} respecto a la de $I_2/2I^{1-,}$ referenciadas ambas al electrodo Cu^{2+}/Cu.

5.2. Electrólisis

5.2.1 Electrolisis de una disolución acuosa de ioduro de potasio.

* Montar el sistema correspondiente a una celda electrolítica. Agregar al tubo de vidrio en U dos electrodos (barras de carbón) y la fuente de voltaje, según las indicaciones del profesor.

* Añadir al tubo en U la disolución de ioduro de potasio, KI hasta las ¾ partes del volumen. Adicionar 5 gotas de fenolftaleína.

* Poner en funcionamiento la celda.

* Observar que en el cátodo el agua se reduce a $H_{2(g)}$ e iones OH^1, virando la fenolftaleína a color rosa. El color rojizo característico del I_2 aparece en el ánodo.

* Extraer solución del cátodo con una pipeta 2 mL. Pasar a tubo de ensayo y agregar 4 gotas de $FeCl_3$ 0.1 M. Observar el cambio.

* Extraer 4 mL de solución del ánodo y repartirla en dos tubos de ensayo pequeñas. Al primero agregar 2 mL de CCl_4, agitar por unos segundos, dejar en reposo y observar la formación de dos fases. Al segundo tubo agregar 2 mL de disolución de almidón y observar el cambio.

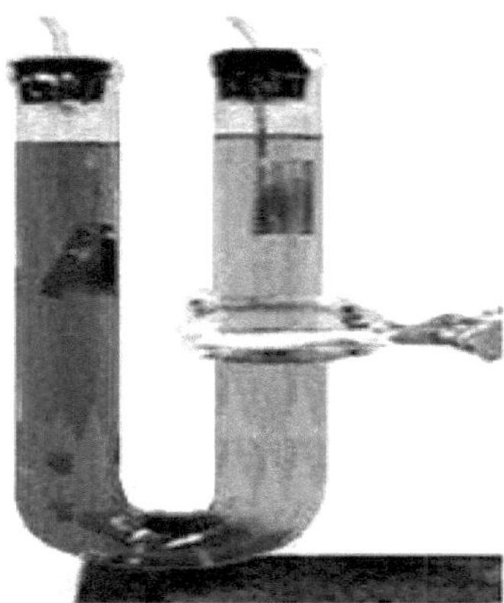

Figura 4. Electrolisis de una disolución acuosa de ioduro de potasio

5.2.2 Electroplateado

* Montar el sistema correspondiente a una celda electrolítica de acuerdo con lo indicado en la Figura 1, utilizando un electrodo de plata (Ánodo)

* Trasvasar 180 mL de $AgNO_3$ en disolución a un vaso de precipitados de 250 ml.

* Agregar 10 mL de la disolución NaCN a la disolución electrolítica para reducir la concentración del ion plata por formación de iones de coordinación:

$$Ag^+_{(ac)} + 2\ CN^-_{(ac)} \rightarrow [Ag(CN)_2]^{1-}_{(ac)}$$

* Las concentraciones bajas de ion plata dan como resultado un electroplateado liso que se adhiere con firmeza al objeto recubierto.

* Determinar la masa inicial del objeto a utilizar en el electroplateado

* Poner en funcionamiento la celda.

* Observar la electrodeposición y determinar la masa final del objeto utilizado.

5.2.3 Electrólisis de una disolución de ácido sulfúrico

- Tomar 500 ml de la disolución de ácido sulfúrico 0.1 M en un vaso de precipitados de 1000 ml.
- Colocar en el vaso una bureta invertida con su extremo abierto sumergido en la disolución.
- Introducir una porción de cable de cobre, con unos 10 cm de metal expuesto, por el extremo sumergido de la bureta, cuidando que no quede cobre descubierto fuera de ella. Este cable actuará como cátodo en el proceso electrolítico.
- Utilizar una lámina de cobre de unos 12 g aproximadamente que actuará como ánodo, determinar la masa inicial exacta en una balanza analítica (se requiere un mínimo de 5 cifras decimales) y se sumerge en la disolución de ácido sulfúrico.
- Con la fuente de corriente apagada, se conectan el borne positivo al ánodo, y el borne negativo al cátodo, evitando en todo momento que las pinzas que establecen la conexión no estén en contacto con el líquido. Utilizando la bombilla succionar la disolución a través de la llave de la bureta para enrasarla. Anótese la lectura inicial.

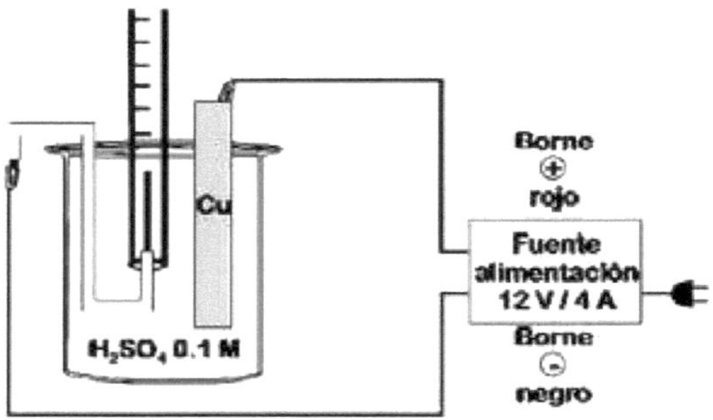

Figura 5. Esquema de la electrólisis del ácido sulfúrico

- Conectar la fuente de corriente eléctrica y anotar la hora de inicio del experimento.
- Observar el desprendimiento de burbujas en el cátodo, y la disolución cambiará progresivamente a un color celeste propio de la especie química $[Cu(H_2O)_6]^{2+}$.

- Cuando el volumen de gas en la bureta corresponde a 25 mL, detener el experimento desconectando la fuente, anotando el tiempo transcurrido desde el inicio. Anotar igualmente la presión atmosférica y la temperatura de la disolución. Dicho volumen de gas debe corregirse teniendo en cuenta la presión de vapor de agua sobre la disolución de ácido sulfúrico 0.1 M.

- Desconectar la lámina de cobre utilizado como ánodo, se enjuaga con acetona y se pesa. Determinar la diferencia de peso que ocurrió durante el proceso electrolítico (pérdida de peso).

- Formular las semirreacciones que ocurrieron en cada uno de los electrodos, así como la reacción total del proceso electrolítico que ha ocurrido.

- Determinar la intensidad media de la corriente a lo largo de dicho proceso.

5.3 Corrosión del hierro por agentes químicos

- Disponer de 5 tubos de ensayo, numerados del 1 al 5.

- Agregar a cada tubo de ensayo un clavo de hierro limpio y añadir hasta cubrir cada clavo en los tubos indicados las siguientes disoluciones: primer tubo NaOH, segundo HCl, tercero NaCl, cuarto $K_2Cr_2O_7$ y quinto $FeSO_4$.

- Determinar el pH de cada solución, según las indicaciones del profesor.

- Agregar a cada tubo de ensayo 5 gotas de disolución de ferricianuro de potasio, $K_3[Fe(CN)_6]$ 1,0 M. Observar los cambios.

- Agregar a cada tubo 2 mL de $FeSO_4$ 1,0 M. Observar los cambios y comparar el presente resultado con el anterior.

CÁLCULOS Y RESULTADOS

Finalmente, se tabulan los resultados obtenidos para cada caso y determinar el porcentaje de error respecto a los valores teóricos.

VI. CUESTIONARIO

1. ¿Qué es un puente salino?¿Qué funciones puede realizar en una pila galvánica?

2. ¿Es posible un puente salino de una pila galvánica remplazarse por
   una pieza de alambre de platino doblado en U? Justifique su respuesta.

3. ¿Qué es una pila de combustible? ¿Qué sustancias se pueden utilizar
   para implementarla?

4. ¿Se puede producir la electrólisis del agua pura? ¿por qué se añade
   ordinariamente un electrolito al agua antes de comenzar la electrólisis?

5. En la electrólisis del ácido sulfúrico escribir las reacciones químicas
   que ocurrieron en el ánodo y en el cátodo.

VII. BIBLIOGRAFÍA

Brown T. L., LeMay H. E., Bursten B. E. (2014). Química: la Ciencia
central. Editorial Pearson (12ª ed.). México, D.F.

Chang R. (2010). Química. Editorial McGraw-Hill (10ma ed.). México,
D.F.

LECTURAS COMPLEMENTARIAS

Chen Y., Del Valle M.A., Valdebenito N., Zacconi F. (2014).
Mediciones y métodos de uso común en el laboratorio de química.
Ediciones Universidad Católica de Chile. Santiago de Chile, Chile.

Determinación de la velocidad de reacción del Yodato de potasio

I. INTRODUCCIÓN

La velocidad de una reacción química constituye el cambio que ocurre en la concentración de los reactantes o productos involucrados en el proceso químico. En ese sentido, suelen utilizarse las unidades de concentración de estos por unidad de tiempo, específicamente sus cambios de concentración molar dividido entre intervalos de tiempo en segundo que ocurre la reacción química.

Considerando una reacción hipotética balanceada de dos reactantes (A, B) para dar dos productos (C, D), cuyos coeficientes estequiométricos respectivos son: a, b, c y d; se representa como:

$$aA + bB \longrightarrow cC + dD \tag{1}$$

Luego, determinando la variación de la concentración de los reactantes o producto en el tiempo se puede establecer la velocidad como la variación (Δ) de las concentraciones de los reactantes al comienzo y al final de la reacción o la concentración del producto:

$$\Delta A = [A]_{Final} - [A]_{Inicio}$$
$$\Delta B = [B]_{Final} - [B]_{Inicio}$$
$$\Delta C = [C]_{Final} - [C]_{Inicio} \tag{2}$$
$$\Delta D = [D]_{Final} - [D]_{Inicio}$$

Teniendo en cuenta que los reactantes tienden a disminuir y el producto en formación tiende a aumentar se utilizan signos negativos y positivos, respectivamente para obtener resultados equivalentes de velocidad, quedando las expresiones de velocidad (v):

$$v = -\frac{1}{a}\frac{\Delta[A]}{\Delta t} = -\frac{1}{b}\frac{\Delta[B]}{\Delta t} = +\frac{1}{c}\frac{\Delta[C]}{\Delta t} = +\frac{1}{d}\frac{\Delta[D]}{\Delta t} \tag{3}$$

Cada reacción tiene su propia ecuación como una función de las concentraciones de reactivos o productos denominada Ley de la Velocidad, la cual se establece experimentalmente mediante el monitoreo continuo de los cambios de concentración que pueden presentar en el tiempo los reactivos o productos. Por ello, la velocidad de una reacción se expresa como unidades de concentración por unidades de tiempo, o sea mol $l^{-1}s^{-1}$.

La segunda relación de velocidad de reacción se obtiene a partir de la Ley de Gulberg y Waage, quienes estudiaron la velocidad de las reacciones químicas y formularon la siguiente proposición:

"La velocidad de reacción es directamente proporcional al producto de las concentraciones de los compuestos reaccionantes elevados a una potencia igual a su coeficiente estequiométrico"

Aplicando esta ley a la reacción hipotética anterior balanceada, la expresión de velocidad quedaría como:

$$v = k[A]^n[B]^m \tag{4}$$

Donde:

K = constante de velocidad.

[A] y [B] = concentraciones molares de los reactantes.

n y m = órdenes de reacción respecto a cada reactante.

La ecuación (2) se denomina Ecuación Diferencial de Velocidad (EDV) y permite predecir el valor de la velocidad de una reacción química en función de la variación de las concentraciones de los reactantes. El parámetro k, o sea la constante de velocidad, es vital para establecer la EDV de un sistema químico y la rapidez con la que transcurre los cambios químicos. El mismo es específico para cada reacción y depende de la naturaleza y características del sistema químico, la temperatura y la posible participación de sustancias que sean capaces de actuar como un catalizador.

Los superíndices n y m, denominados órdenes de reacción constituyen un parámetro que toma valores positivos enteros o fraccionarios e incluso negativos y generalmente coinciden con los coeficientes estequiométricos de los reactantes presentes en la reacción química ajustada. Sin embargo, se determinan experimentalmente, ya que pueden diferir del valor establecido para los coeficientes estequiométricos y una vez conocidos se realiza su sumatoria para conocer el denominado Orden de Reacción Total que caracteriza la EDV.

Por lo tanto, el estudio de un sistema químico de connotación ambiental capaz de causar procesos de contaminación o remediación en cualquier compartimento ambiental (agua, aire, suelo) requiere conocer y controlar la cinética química que lo caracteriza, específicamente tener el conocimiento exacto de su EDV.

1.1 Determinación Experimental de la EDV

La metodología que se aplica para determinar la constante de velocidad (k) y los órdenes de reacción para cada reactante (n,m) y tomando la ecuación general hipotética anterior (1) de una típica reacción con dos reactantes, se realiza de la siguiente manera:

i.   Se elige un reactante para realizar su monitoreo de cambios de concentración en el tiempo, por ejemplo el reactante A.

ii. Se elige un reactante (B), cuya concentración no va a variar, siempre será única y mucho más elevada que la del reactante A. Esto garantiza la reacción completa de A respecto a B, así como poder considera el gasto de B despreciable respecto al de A.

iii. Se establece una nueva constante de velocidad en función de B, que es el reactante que se mantendrá fijo y cuya concentración inicial $[B]_o$ en todos los experimentos será la misma, o sea constante, luego surge una nueva constante de velocidad que solo involucra la concentración fija de B y se denomina Constante Aparente de Velocidad (**k'**):

$$k' = k\,[B]_o \tag{5}$$

iv. Se sustituye k' de acuerdo a la ecuación (5) en la ecuación general de velocidad (4) para las concentraciones iniciales de los reactantes $([A]_o[B]_o)$, obteniéndose una ecuación para la Velocidad Inicial de la Reacción (v_o):

$$v_o = k[A]_o^n [B]_o^m$$

$$v_o = k'[A]_o^n \tag{6}$$

Aplicando logaritmo neperiano en ambos miembros de la ecuación (6), se transforma en la ecuación de una línea recta del tipo y = a + b x:

$$\ln v_o = \ln k' + n \ln[A]_o^n \tag{7}$$

La ecuación (6) muestra la existencia de una relación lineal entre el **ln v_o** y el **ln [A]$_o$**, de manera tal que si se realiza la representación gráfica de **ln v_o** vs. **ln [A]$_o$**, obtendríamos una gráfica que permite determinar los parámetros de la ecuación para la velocidad:

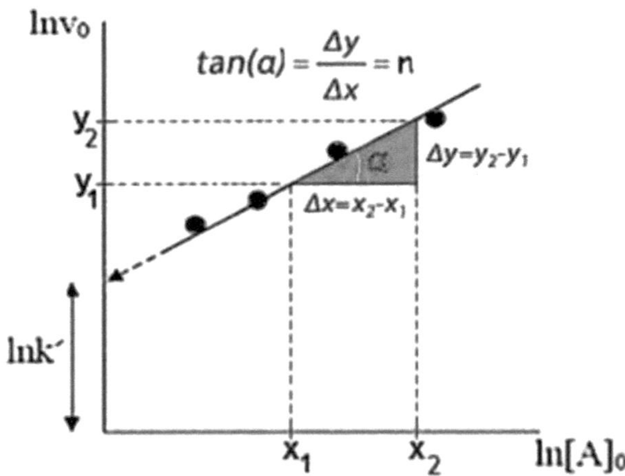

Figura 1. Gráfica requerida para determinar la Constante Aparente de Velocidad (k´) y los Órdenes de Reacción (n, m).

v. Se realiza el mismo procedimiento aplicado para la determinación del orden de reacción respecto a B, pero manteniendo constante la concentración inicial de A y variando la concentración inicial de B.

vi. Determinar el valor de la Constante de Velocidad (k) del proceso químico utilizando los Órdenes de Reacción de A y B previamente calculados.

1.2 FUNDAMENTO DE LA PRÁCTICA

La reacción entre el yodato de potasio y el bisulfito de sodio es un proceso redox, en el cual los cationes metálicos se comportan como especies observadores y los aniones constituyen el centro del proceso redox que tiene lugar en dos etapas:

Etapa 1. Reacción lenta de los aniones yodato en medio ácido:

$$IO_{3\,(ac)}^{-} + 3\,HSO_{3\,(ac)}^{-} \longrightarrow I_{(ac)}^{-} + 3\,SO_{4\,(ac)}^{2-} + 3\,H_{(ac)}^{+}$$

Etapa 2. Reacción rápida de los aniones yoduro en medio ácido:

$$IO_{3\,(ac)}^{-} + 5\,I_{(ac)}^{-} + 6\,H_{(ac)}^{+} \longrightarrow 3\,I_{2\,(s)} + 3\,H_2O_{(ac)}$$

1.3 VELOCIDAD DE REACCIÓN

La velocidad de la reacción entre el yodato y el bisulfito correspondiente a la Etapa 1 se puede establecer de acuerdo a la expresión (3):

$$v = -\frac{1}{1}\frac{\Delta[IO_3^-]}{\Delta t} = -\frac{1}{3}\frac{\Delta[HSO_3^-]}{\Delta t} = +\frac{1}{1}\frac{\Delta[I^-]}{\Delta t} = +\frac{1}{3}\frac{\Delta[SO_4^{2-}]}{\Delta t} = +\frac{1}{3}\frac{\Delta[H^+]}{\Delta t} \quad (8)$$

Aplicando los conocimientos teóricos de cinética química previamente desarrollados y teniendo en cuenta la expresión general para la EDV según (4) a la reacción de interés quedaría:

$$v = k\,[IO_3^-]^{n}\,[HSO_3^-]^{m} \quad (9)$$

Una vez establecida la expresión de la EDV se aplica la metodología desarrollada previamente para determinar el Orden de la Reacción para los reactantes involucrados en la expresión de la EDV (n,m) y la Constante de Velocidad (k),

1.4 DETERMINACIÓN DEL ORDEN DE REACCIÓN

Aplicando la metodología propuesta:

i. Se elige el yodato (reactante A) para realizar su monitoreo de cambios de concentración en el tiempo hasta alcanzar su consumo total al término de la reacción.

ii. Se elige el bisulfito (reactante B), cuya concentración no va a variar, siempre será única y mucho más elevada que la del yodato (reactante A), considerándose despreciable su gasto respecto al bisulfito.

Se establece una nueva constante de velocidad en función del Bisulfito, que es el reactante que se mantendrá fijo y cuya concentración inicial $[HSO_3]$ en todos los experimentos será la misma, o sea constante, luego surge una nueva constante de velocidad que solo involucra la concentración fija de Bisulfito y se denomina Constante Aparente de Velocidad (**k'**):

$$k' = k[HSO_3]_0 \tag{10}$$

iii. Se sustituye k' de acuerdo a la ecuación (10) en la ecuación general de velocidad (9) para las concentraciones iniciales de los reactantes, obteniéndose una ecuación para la Velocidad Inicial de la Reacción (n_0):

$$v_0 = k[IO_3^-]_0^n [HSO_3^-]_0^m$$

$$v_0 = k'[IO_3^-]_0^n \tag{11}$$

Aplicando logaritmo neperiano en ambos miembros de la ecuación (11), se transforma en la ecuación de una línea recta del tipo $y = a + b\,x$:

$$\ln v_0 = \ln k' + n \ln [IO_3^-]_0^n$$

Se realiza la gráfica de: $\ln v_0$ **vs.** $\ln [IO_3^-]_0^n$ y tal y como se había analizado anteriormente en la Figura 1, para determinar la Constante Aparente de Velocidad (**k'**) a partir del valor del intercepto en la ordenada y el Orden de Reacción (n) respecto yodato (Reactivo A) a partir del valor de la pendiente de la recta.

En la Práctica se llevan a cabo cinco experimentos con cinco concentraciones iniciales del yodato (Reactivo A) por triplicado, manteniendo constante el bisulfito (Reactivo B) y las cinco velocidades iniciales requeridas para desarrollar la graficación se calculan de la siguiente forma teniendo en cuenta la expresión (8)

$$v = -\frac{1}{1}\frac{\Delta[IO_3^-]}{\Delta t} = -\frac{1}{1}\frac{[IO_3^-]_{FINAL} - [IO_3^-]_{INICIO}}{t_{FINAL} - t_{INICIO}}$$

$$v = -\frac{1}{1}\frac{0 - [IO_3^-]_{INICIO}}{t_{FINAL} - 0}$$

iv. Se realiza el mismo procedimiento aplicado para la determinación del orden de reacción respecto al bisulfito, pero manteniendo constante la concentración inicial de yodato y variando la concentración inicial del bisulfito.

v. Determinar el valor de la Constante de Velocidad (k) del proceso químico utilizando los Órdenes de Reacción del yodato y el bisulfito determinados al termino de los experimentos.

De esa forma una vez realizados los cinco experimentos manteniendo constante la concentración inicial de bisulfito y los cinco experimentos haciendo lo mismo para el yodato, se pueden calcular los valores de la constante aparente de velocidad y los órdenes de la reacción para el yodato y el bisulfito. Se pueden calcular las constantes de velocidad del proceso y la expresión de la ecuación diferencia de velocidad, estableciéndose la cinética química que caracteriza el proceso químico ya sea de contaminación o de remediación en un compartimento ambiental.

II. CAPACIDADES

1. Determina el Orden de la Reacción para los reactantes de la Ecuación de Diferencial de Velocidad (EDV).

2. Determina el valor de la Constante de Velocidad (k) de la EDV.

3. Determina la expresión real de la EDV.

III. CUIDADO AMBIENTAL

Utilice pequeñas porciones de las sustancias a utiliza. Los residuos obtenidos en las experiencias se le entregarán al profesor.

IV. MATERIALES Y MÉTODOS

4.1 MATERIALES Y EQUIPOS

- Cronómetro (01)
- Vasos de precipitado 10 mL (12)
- Agitadores de teflón
- Pipeta graduada de 10 mL
- Pipeta graduada de 5 mL
- Pipeta graduada de 1 mL

4.2 REACTIVOS

- Agua destilada
- Yodato de potasio, KIO_3 0.15 M
- Yodato de potasio, KIO3 0.03 M
- Bisulfito de sodio, $NaHSO_3$ 0.03 M
- Bisulfito de sodio, $NaHSO_3$ 0.15 M
- Almidón soluble, 2 % (p/v)

4.3 PROCEDIMIENTO EXPERIMENTAL

4.3.1 Preparación de las soluciones de trabajo

1. A temperatura ambiente se seleccionan diez vasos de precipitados. Se rotulan como Mezcla I y Mezcla II y numeradas ambas clasificaciones del 1 al 6.

2. Preparar en los vasos de precipitado las soluciones de trabajo de acuerdo a las especificaciones de la Tabla 1.

N° DE ENSAYO	MEZCLA I		MEZCLA II	
	YODATO DE POTASIO 0.15 M (mL)	AGUA DESTILADA (mL)	BISULFITO DE SODIO 0.03 M (mL)	ALMIDÓN 2% (mL)
1	1	5	3.5	0.5
2	2	4	3.5	0.5
3	3	3	3.5	0.5
4	4	2	3.5	0.5
5	5	1	3.5	0.5
6	6	0	3.5	0.5

3. Se prepara la Mezcla I agregando los volúmenes correspondientes de yodato de potasio y agua destilada hasta alcanzar un volumen total de 6 mL y se homogeniza.

4. Se prepara la Mezcla II agregando los volúmenes correspondientes de bisulfito de sodio y almidón hasta alcanzar un volumen total de 4 mL y se homogeniza.

5. Ajustar a cero el cronómetro.

6. Se agrega la Mezcla I con numeración 1 sobre la Mezcla II con numeración 1 y al unísono poner en marcha el cronómetro agitando vigorosamente la mezcla total con la ayuda de un agitador de teflón.

7. Detener el cronometro cuando la mezcla total se torne de color azul y anotar el tiempo transcurrido hasta la culminación de la reacción química.

8. Realizar los pasos desde el 5 hasta el 7 para cada numeración por triplicado y hasta completar todas las soluciones, o sea alcanzar la solución final número 6.

9. Realizar todo el proceso de obtención de las soluciones, pero de acuerdo con la Tabla 2 (Experiencia N° 2).

4.3.2 Determinación de los Parámetro de la Ecuación Diferencia de Velocidad

EXPERIENCIA N° 1

i. Calcular las concentraciones iniciales de yodato y su logaritmo neperiano para cada una de las soluciones con sus correspondientes tiempos de reacción y calcular el valor del tiempo medio para cada experiencia realizada por triplicado para la primera experiencia a concentración de bisulfito constante y elevada.

ii. Calcular las concentraciones iniciales de yodato $[IO_3^-]_0$ y su logaritmo neperiano ($\ln [IO_3^-]_0$) para cada una de las soluciones con sus correspondientes tiempos de reacción y calcular el valor del tiempo medio para cada experiencia realizada por triplicado para la segunda experiencia a concentración de yodato constante y elevado.

iii. Calcular las velocidades de reacción para cada uno de los experimentos realizados y el logaritmo neperiano de las velocidades.

iv. Realizar la gráfica del **ln v vs. ln $[IO_3^-]$** para la **Experiencia N° 1** y determinar la Constante Aparente de Velocidad (k) y los Órdenes de la Reacción respecto al yodato **(n).**

V. INDICACIONES GENERALES

* Observar y anotar los cambios que se presentan durante el desarrollo de la práctica.

* Comenzar de manera rápida y precisa el registro de los tiempos de reacción al término de la reacción con el cambio de color.

* Tabular de manera organizada todos los datos registrados y cálculos correspondientes a las Experiencia N° 1 y 2.

* Relacionar los cambios experimentales ocurridos con los conocimientos teóricos involucrados en cada experiencia.

VI. CUESTIONARIO

1. ¿ Por qué añadir almidón permite que ocurra un cambio de color ante la presencia del anión triyoduro?. ¿Qué cambios estructurales permiten la ocurrencia de ese fenómeno?

2. ¿Cómo podría modificar la experiencia de manera que trascurra más rápido el experimento y se realice en un tiempo mucho menor con el mínimo costo?.

3. ¿Podría utilizarse un catalizador para acelerar la reacción entre el yodato y el bisulfito?.

4. Explique de qué manera afectan la velocidad de reacción de la reacción estudiada los diferentes factores que podría utilizarse para acelerar los cambios químicos.

5. ¿Cómo podría utilizar esta experiencia y los conocimientos aprendidos a través de esta para proteger los ecosistemas de la contaminación ambiental?

VII. BIBLIOGRAFÍA

Brown T. L., LeMay H. E., Bursten B. E. (2014). Cinética Química. En: Química la Ciencia central (pp.556-609). Editorial Pearson (12ª ed.). México, D.F.

Petrucci R.H., Harwood W.S., Herring F.G. (2003). Cinética Química. En: Química General (pp. 578-625). Pearson Educación, S.A (8va ed.). Madrid.

LECTURAS COMPLEMENTARIAS

Fabián Ibáñez F., Gianna V. (2012). La teoría cinética molecular y el aprendizaje de la Química. Revista Educación Química 23 (2): 208-211.

Demostración del principio de Le Chatelier en el equilibrio químico

INTRODUCCIÓN

El equilibrio químico es un estado que se alcanza en reacciones químicas reversibles. Este tipo de proceso químico se caracteriza por el avance de la reacción con la formación inicial de los productos al igual que cualquier reacción química clásica. Sin embargo, una vez que se forman las primeras moléculas del producto; estas reaccionan entre sí regenerando los reactantes.

El equilibrio químico es alcanzado una vez que se han igualado las velocidades del proceso directo inicial y el proceso inverso posterior; trayendo como consecuencia que las concentraciones de los reactantes y productos permanezcan constantes. Este proceso es totalmente dinámico, a pesar de que un observador no pueda verificar cambios macroscópicos. Sin embargo, continuamente están ocurriendo cambios microscópicos; reaccionando moléculas de reactantes con la formación de productos y viceversa. O sea, la transformación de reactante en productos y de productos en reactantes de manera simultánea e irreversible.

1.1 El equilibrio químico y la cinética

Si consideramos un sistema químico endotérmico ($\Delta H > 0$) conformado por los reactantes (A, B), el cual alcanzaría el estado de equilibrio químico cuando al formar los productos (B, C), se presentan simultáneamente reactantes y productos, o sea:

$$aA \ + \ bB \ \rightleftharpoons \ cC \ + \ dD \qquad \Delta H > 0 \quad \text{(i)}$$

La evolución en el tiempo del sistema químico hasta alcanzar el equilibrio implica el desarrollo de tres etapas:

1^{era} Etapa

Las moléculas de A y B reaccionan en un proceso directo, cuya velocidad (V_1) solo depende de sus concentraciones ([A],[B]) y una constante de proporcionalidad (K_1):

$$V_1 = K_1 \, [A]^a \, [B]^b \qquad\qquad (ii)$$

2da Etapa

Una vez formadas las primeras moléculas de los productos, reaccionan regenerando los reactantes. La velocidad (V_2) de este proceso depende de las concentraciones ([C],[D]) y una constante de proporcionalidad (k_2):

$$V_2 = K_2 \, [C]^c \, [D]^d \qquad\qquad (iii)$$

3ra Etapa

El sistema químico evoluciona hasta que las velocidades del proceso directo e inverso se igualan y las concentraciones de reactantes y productos se mantienen constantes en el tiempo. O sea se ha alcanzado el estado de equilibrio químico:

$$V_1 = V_2$$

$$K_1 \, [A]^a \, [B]^b = K \; [C]^c \, [D]^d$$

$$\boxed{\dfrac{K_1}{K_2} = \dfrac{[C]^c \, [D]^d}{[A]^a \, [B]^b} = K_{eq}} \qquad\qquad (iv)$$

La ecuación (iv) es denominada la Ley de Acción de Masas del equilibrio químico y constituye la expresión matemática propuesta por los químicos noruegos Guldberg y Waage en 1864. Es importante, porque demuestra la existencia de un valor Keq constante (la constante de equilibrio), debido a las relaciones de concentración de reactantes y productos en el sistema.

en equilibrio químico a temperatura constante. En general esta ley permite establecer que:

> *"En un proceso elemental, el producto de las concentraciones en el equilibrio de los productos elevadas a sus respectivos coeficientes estequiométricos, dividido por el producto de las concentraciones de los reactantes en el equilibrio elevadas a sus respectivos coeficientes estequiométricos, es una constante para cada temperatura llamada constante de equilibrio Keq".*

La constante de equilibrio es un parámetro que caracteriza los equilibrios químicos y su valor permite establecer el grado de completamiento de una reacción en el estado de equilibrio químico. Su magnitud indica si una reacción en estado de equilibrio favorece el sentido de la formación de productos o reactantes. En términos generales la constante de equilibrio puede tomar valores:

Keq > 1 Valores superiores a la unidad indican que está favorecida la formación de productos, o sea a la derecha de la ecuación (i).

Keq < 1 Valores inferiores a la unidad indican que está favorecida la formación de reactantes, o sea a la izquierda de la ecuación (i).

Keq = 1 Valores iguales o muy próximos a la unidad indican que el sistema está muy próximo o ha alcanzado el estado de equilibrio ideal, en el cual no está favorecido el desplazamiento a la derecha, o a la izquierda de la ecuación (i). O sea coexisten todas las especies en concentraciones similares sin el predominio de ninguna.

El Principio de Le Chatelier

El químico francés Henri Le Chatelier en 1984 propuso el principio que rige el comportamiento de los equilibrios químicos al ser sometidos a tensiones externas, tales como la concentración, la temperatura, el volumen y la presión. El mismo establece que:

> *"Si se presenta una perturbación externa sobre un sistema en equilibrio, el sistema se ajustará de tal manera que se cancele parcialmente dicha perturbación en la medida que el sistema alcanza una nueva posición de equilibrio"* (Chang y Goldsby, 2013).

Este sencillo principio establecido experimentalmente, es muy importante ya que permite predecir el comportamiento de un sistema en equilibrio químico al estar sometido a perturbaciones externas, desplazándose en el sentido de la reacción que permita minimizar o contrarrestar el efecto causado por las perturbaciones externas de tensión y de esa forma restablecer el equilibrio.

1.2 Factores que perturban el equilibrio químico

1. Efecto de la temperatura

Aumento de la temperatura

Teniendo en cuenta la ecuación (i), la reacción directa es un proceso endotérmico. Luego, la reacción directa requiere consumo de energía para que tenga lugar. Aplicando el principio de Le Chatelier, ante un aumento del contenido energético en forma de calor (Q), el sistema se comportará espontáneamente favoreciendo el sentido de la reacción que reduzca esa perturbación externa; o sea el sentido que sea capaz de absorber ese plus de energía.

Por lo tanto, para una Reacción Endotérmica el aumento de la temperatura desplaza el equilibrio en el sentido endotérmico directo ($\Delta H > 0$) en una mayor extensión:

$$aA + bB + Q \xrightleftharpoons[]{\Delta H > 0} cC + dD \qquad \text{(i)}$$

Disminución de la temperatura

La disminución de la temperatura es el equivalente de reducir el contenido energético. Aplicando Le Chatelier, en forma espontánea el sistema se desplazará en el sentido que sea capaz de liberar energía contrarrestando el efecto impuesto. En ese sentido, se favorecerá la reacción exotérmica ($\Delta H < 0$) en una mayor extensión. En la ecuación (i) el proceso exotérmico inverso hacia la izquierda es el que estaría favorecido:

$$aA + bB + Q \xrightleftharpoons[]{\Delta H < 0} cC + dD \qquad \text{(i)}$$

2. Efecto de la presión

Los cambios de presión afectan las concentraciones de las sustancias en fase gaseosa que responden a la ecuación universal de los gases:

$$PV = nRTV$$

$$P = \frac{n}{V}RT \qquad (v)$$

Analizando la ecuación (v) se observa una proporcionalidad inversa entre la presión (P) y el volumen (V). Por otra parte, la presión P está directamente relacionada con el número de moles (n) o la concentración molar (mol/L) de moléculas en estado gaseoso (n/V). Teniendo en cuesta esas proporcionalidades y aplicando Le Chatelier:

Aumento de Presión. Disminuye V y aumenta la concentración (n/V). Por tanto, se desplaza el equilibrio en el sentido de la reacción que posea el menor número de moles (menor espacio ocupado) contrarrestando el efecto.

Disminución de Presión. Aumenta V y disminuye la concentración (n/V). Por tanto, se desplaza el equilibrio en el sentido de la reacción que posea el mayor número de moles (mayor espacio ocupado) contrarrestando el efecto.

Los procesos químicos en equilibrio que no poseen variación en el número de moles de gases (igualdad de moles netos de reactantes y productos), no serán afectados por los cambios de presión o volumen.

3. Efecto de la concentración

Las variaciones en las concentraciones de reactantes y productos modifican la posición de equilibrio de forma tal que ante el aumento de la concentración de una sustancia se genera el desplazamiento del equilibrio en el sentido de su reducción y ante la disminución de la concentración de cualquier sustancia se desplazará el equilibrio en el sentido que permita su formación y con ello el aumento de su concentración. Aplicando Le Chatelier a la ecuación (i) podrían presentarse los siguientes efectos de concentración:

$$aA + bB \rightleftharpoons cC + dD \qquad \Delta H > 0 \quad (i)$$

Aumento [A] o [B]	Desplazamiento del equilibrio hacia la derecha, hacia la obtención de los productos y el consecuente consumo de los reactantes.
Aumento [C] o [D]	Desplazamiento del equilibrio hacia la izquierda, hacia la obtención de los reactantes y el consecuente consumo de los productos.
Disminución [A] o [B]	Desplazamiento del equilibrio hacia la izquierda, hacia la obtención de la especie afectada para contrarrestar el efecto.
Disminución [C] o [D]	Desplazamiento del equilibrio hacia la derecha, hacia la obtención de la especie afectada para contrarrestar el efecto.

1.4 Efecto de los catalizadores

Los catalizadores aumentan las velocidades tanto del proceso directo para la obtención de productos, como el proceso inverso para la obtención de los reactantes. Por lo tanto, no causan variaciones en la constante de equilibrio y menos aún desplazan las posiciones de un sistema en equilibro.

El principio de Le Chatelier es vital para la industria química a nivel mundial, debido a sus diversas aplicaciones para lograr rendimientos productivos rentables.

II. CAPACIDADES

1. Establecer el estado de equilibrio de los iones cúpricos en solución.

2. Demostrar el principio de Le Chatelier aplicando tensiones externas de cambio como las concentraciones y la temperatura.

III. CUIDADO AMBIENTAL

Utilice pequeñas porciones de las sustancias a utiliza. Los residuos obtenidos en las experiencias se le entregarán al profesor.

IV. MATERIALES Y MÉTODOS

4.1 MATERIALES Y EQUIPOS

- Balanza analítica
- Espátula
- Erlenmeyer de 250 mL
- Probeta de 100 mL
- Pipeta volumétrica de 20 mL
- Baño de agua
- Tubos de ensayo (05)
- Gradilla para tubos de ensayo
- Pinza para tubos de ensayo

4.2 REACTIVOS

- Agua destilada
- Cloruro de cobre dihidratado, $CuCl_2.2H_2O$
- Disolución de ácido clorhídrico, HCl 6M
- Disolución de amoníaco, NH_3 6M
- Disolución de nitrato de plata, $AgNO_3$ 0.1M

4.3 PROCEDIMIENTO EXPERIMENTAL

4.3.1 Obtención del estado de equilibrio de los iones cobre en disolución

1. Pesar 1,7 g de cloruro de cobre (II) dihidratado ($CuCl_2.2H_2O$). Observe cuidadosamente. Anote su color y fórmula química.

2. Trasvase el sólido a un Erlenmeyer de 250 mL y agréguele 100 mL de agua destilada. Agite cuidadosamente hasta total disolución del sólido y formación de la especie química $[Cu(H_2O)6]^{2+}$ en disolución acuosa.

   Observe cuidadosamente. Anote su color y fórmula química.

3. Agregarle a la solución obtenida gota a gota una solución de HCl 6M agitando hasta obtener un color azul claro a celeste intermedio entre el color verde $[CuCl_4]^{2-}$ y azul $[Cu(H_2O)_6]^{2+}$. Observe cuidadosamente. Anote su color.

4. Trasvasar 20 mL de disolución en cinco (05) tubos de ensayos con la ayuda de una pipeta volumétrica.

5. Analice el estado de equilibrio obtenido de acuerdo con los cambios de color percibidos. Explique lo ocurrido de acuerdo con el proceso químico ocurrido:

$$[CuCl_4]^{2-} + 6H_2O \rightleftharpoons [Cu(H_2O)_6]^{2+} + 4Cl^-$$

6. Escriba la expresión de la constante de equilibrio (Keq) para el equilibrio químico en estudio.

4.3.2 Demostrando el Principio de Le Chatelier

Una vez obtenido el estado de equilibrio químico, se demostrará el Principio de Le Chatelier que rige su comportamiento. Para ello se estudiarán diversos factores que afectan la posición del equilibrio.

i. Efecto de la concentración

• Seleccione el Tubo de Ensayo N° 1 y agréguele gota a gota una solución de NH_3 6M. Agite suavemente después de agregar cada gota agregada hasta que se obtenga un precipitado de color azul claro (pálido). Continúe agregando gotas hasta que se obtenga una solución de color azul oscuro. Analice lo ocurrido e indique en la Tabla 1, en qué sentido se ha desplazado el equilibrio químico. ¿Se ha favorecido la obtención de productos o reactantes?.

• Seleccione el Tubo de Ensayo N° 2 y agréguele gota a gota una solución de $AgNO_3$ 0.1 M. Agite suavemente después de agregar cada gota hasta que se obtenga un precipitado de color blanco. Analice lo ocurrido e indique en la Tabla 1, en qué sentido se ha desplazado el equilibrio químico. ¿Se ha favorecido la obtención de productos o reactantes?.

• Seleccione el Tubo de Ensayo N° 3 y agréguele gota a gota una solución de HCl 6M con agitación hasta que la solución se torne de color verde. Analice lo ocurrido e indique en la Tabla 1, en qué sentido se ha desplazado el equilibrio químico. ¿Se ha favorecido la obtención de productos o reactantes?

- Seleccione el Tubo de Ensayo N° 3 previamente utilizado y agréguele gota a gota agua destilada hasta que la solución se torne de color azul. Analice lo ocurrido e indique en la Tabla 1, en qué sentido se ha desplazado el equilibrio químico. ¿Se ha favorecido la obtención de productos o reactantes?.

ii. Efecto de la temperatura

- Seleccione el Tubo de Ensayo N° 4 y el Tubo de Ensayo N° 5, colóquelos en un baño de hielo y un baño María a una temperatura entre 70-80 °C, respectivamente; hasta que cambie el color de ambas soluciones. Introduzca un termómetro digital y mida la temperatura exacta del sistema en equilibrio. Analice lo ocurrido en cada tubo e indique en la Tabla 1, en qué sentido se ha desplazado el equilibrio químico en cada caso. ¿Se ha favorecido la obtención de productos o reactantes?. ¿Cuál es el sentido del equilibrio químico exotérmico o endotérmico?.

- Seleccione ambos tubos y colóquelos en el baño opuesto. El Tubo de Ensayo N° 4 en el baño María y el Tubo de Ensayo N° 5 en el baño de hielo. Una vez más manténgalos en los baños respectivos hasta cambie el color de ambas soluciones. Introduzca el termómetro digital utilizado previamente en cada caso y mida la temperatura exacta del sistema en equilibrio. Analice lo ocurrido en cada tubo e indique en la Tabla 1 en qué sentido se ha desplazado el equilibrio químico en cada caso. ¿Se ha favorecido la obtención de productos o reactantes?. ¿Cuál es el sentido del equilibrio químico exotérmico o endotérmico?.

V. INDICACIONES GENERALES

- Observar y anotar los cambios que se presentan durante el desarrollo de la práctica.

- Escribir adecuadamente la constante de equilibrio para los sistemas en equilibrio químico y analice las posibilidades teóricas del Principio de Le Chatelier.

- Completar adecuadamente la Tabla 1 durante todo el desarrollo de la práctica.

• Relacionar los cambios experimentales ocurridos con los conocimientos teóricos involucrados en cada experiencia.

VI. CUESTIONARIO

1. ¿Cuáles son las reacciones químicas que han causado los diversos cambios de color?

2. ¿Qué argumentos científicos permiten justificar que el Principio de Le Chatelier ha sido demostrado en la práctica culminada?

3. ¿Qué relación existe entre la constante de equilibrio y el comportamiento del sistema en equilibrio químico?

4. ¿Qué utilidad tiene la experiencia desarrollada?

5. ¿Cuáles son las fuentes de errores más probables en esta experiencia?

VII. BIBLIOGRAFÍA

Brown T. L., LeMay H. E., Bursten B. E. (2014). Equilibrio Químico. En: Química la Ciencia central (pp.610-649). Editorial Pearson (12ª ed.). México, D.F.

Chang R., Goldsby K. A. (2013). Cap. 14 Equilibrio químico. En: Química (pp. 623-657). Editorial McGraw-Hill/Interamericana (11ª ed.). México, D.F.

Petrucci R.H., Harwood W.S., Herring F.G. (2003). Principios del equilibrio químico. En: Química General (pp. 626-664). Pearson Educación, S.A (8va ed.). Madrid.

LECTURAS COMPLEMENTARIAS

Medina Valtierra J.; Martínez Alvarado R.; Ramírez Ortiz J. (2002). Otra antología para definir el equilibrio químico. Revista Mexicana de Ingeniería Química 1 (1-2): 81-84.

Alemán Berenguer R. A. (2012). Historia de la química: El concepto de equilibrio químico. Historia y controversia. Anales de Química 108 (1): 49–56.

TABLA 1. DEMOSTRACIÓN DEL PRINCIPIO DE LE CHATELIER

SISTEMA EN ESTADO DE EQUILIBRIO QUÍMICO

$$[CuCl_4]^{2-} + 6H_2O \rightleftharpoons [Cu(H_2O)_6]^{2+} + 4Cl^- \quad ¿\Delta H?$$

Tubo de Ensayo N°	Color Inicial	Tensión Externa Aplicada	Color Final	¿En qué sentido se desplaza el equilibrio?		Se ha favorecido la obtención de:		¿Cuál es el sentido exotérmico o endotérmico?	
				Derecha	Izquierda	Reactantes	Productos	Derecha	Izquierda
1		Adición de NH_3							
2		Adición de $AgNO_3$							
3		Adición de HCl							
		Adición de H_2O							
4		Calentar							
5		Enfriar							